住宅室内设计

侯熠 谭婕姝 著

天津大学出版社
TIANJIN UNIVERSITY PRESS

图书在版编目（CIP）数据

住宅室内设计 / 侯熠，谭婕姝著 . — 天津：天津大学出版社，2017.6（2020.1重印）
ISBN 978-7-5618-5872-1

Ⅰ.①住… Ⅱ.①侯… ②谭… Ⅲ.①住宅 – 室内装饰设计 Ⅳ.① TU241
中国版本图书馆 CIP 数据核字（2017）第 126812 号

出版发行	天津大学出版社
地　　址	天津市卫津路 92 号天津大学内（邮编：300072）
电　　话	发行部：022-27403647
网　　址	publish.tju.edu.cn
印　　刷	廊坊市海涛印刷有限公司
经　　销	全国各地新华书店
开　　本	185mm×260mm
印　　张	7.75
字　　数	200 千
版　　次	2017 年 6 月第 1 版
印　　次	2020 年 1 月第 2 次
定　　价	45.00 元

序

20 世纪 90 年代中期，伴随着市场经济的逐步建立，我国结束了福利分房政策，进入了商品房时代，二十几个寒来暑往，今天居民的住房条件有了质的飞跃。经过自己的努力，很多人从筒子楼搬进宽敞新居，买别墅乃至海外置地也不足为奇。改革开放三十多年来的现实见证了中国式奇迹，房地产成为国民经济的重要产业，很多公司成为开发能力巨大的住宅集团。作为个体而言，住宅通常是普通中国人一生财富积累的最大成果，因此让百姓身心健康、住得安稳，是研究住宅设计的意义所在。

今天的环境设计专业，经由室内装潢、装修，进化为室内设计，再扩展为环境设计，也只是短暂的几十年时间。亲历历史使我对住宅室内设计的发展有了具体认知，而作为一名高校教师，通过多年的理论学习和教学实践，将自己的专业知识系统地总结成书，用于本科教学是我的职责所在。

教材的写作动因源于我国进入"十三五"经济发展新阶段，传统住宅设计水平无法满足百姓对生活质量的要求，已有教材陈旧，无法满足专业教育的要求，故而编写一部更具有时代感的教科书迫在眉睫。

作为亲历者，我有四方面的体验。首先，作为学设计的学生；其次，作为教设计的教师；再次，作为做设计的设计师；最后，作为房子的使用者。在这本书中，我努力将这四种身份联系起来，力求完成一本让学生自学有兴趣、教师教学有激情、设计师设计有情怀、使用者居住有情趣的综合性教材。

一本书的写作往往建立在发现问题的基础上，而我看到今天的室内设计教学存在最大的问题仍是理论和实践脱节。大学教育一直是象牙塔式的教育，虽然理论学习为日后的设计工作做了专业铺垫，然而一些理论也有局限性，根本原因在于理论滞后于实践。对于某些固定的设计风格，理论具有指导实践的作用，但今天的设计已不单单是完成某种风格那么简单，而是从更深层面上重新考虑住宅空间的使用和人的感受这一根本问题。我们需要教会学生感受、体验、判断和决定，以方法论的形式，拒绝碎片化信息所构成的所谓理论。

编写一本有温度的教科书一直是我努力的方向，在本书中，特别强调"感受""体验"这样的词汇，采用有别于常见教科书说明文式的写作方式，其原因在于教材面对的对象主要是艺术类专业学生。文字枯燥很难适应网络时代的"九零后"，因此努力摆脱 20 世纪 80 年代以来工科体系教材的艰涩感。同时我们也看到今天艺术类学生学习和实践的"致命伤"，即缺少逻辑性、施工技术层面的知识薄弱、理论不系统等问题，因此努力用他们便于理解的方式建构关于住宅设计完整的知识体系和实践方法。

综上诸多原因，本书力争从感性的角度，清晰地阐述关于住宅设计的哲学观和方法论，也尽量对"空间感受""照明语汇""色彩感觉""材料手感"以及"物的情怀"描述确切，让学生用自己的手和脑去感受设计之美，从而自觉成长为符合专业要求的设计师。在终生学习的时代，只有从自身感受出发，形成独特见解，才能避免被行业淘汰。

中国的室内设计领域，从以国营设计院为主力到公司遍地，很快将迎来独立设计师时代，将更彰显设计师的个性；强调人与人之间的沟通交流，摒弃简单的功能至上，强调人本主义。以上种种，都需要我们重新深入探讨居住的本质，遵从人内心的真实需要，呼唤新的生活方式，还要随时关注行业动态，把最前沿的信息传达给学生和读者。

感谢二十年来教导我的诸多前辈学者，他们对于研究的专注在今天尤为可敬；感谢家人的支持和理解让我完成了教材的写作；感谢学生们在课堂上的互动，让我产生了写作灵感，使本教材有了更加具体的服务对象。

感谢刘瑶小姐为部分章节搜集材料和编辑付出的辛苦，还有很多学生绘制了大量配图，他们是周湘平、郑舒心、张璐、王晴、左鸿菲、许博文、吴佳恒、林卓文、陈殷锐、方泽加、焦娜、车悦、鲁学杰、朱云祥、姚家琳、游心怡、杨宁宁、颜韦如、徐广浩，感谢他们丰富了教材的篇章。

在写作时间仓促、篇幅有限的情况下，本教材还有很多疏漏，观点或有偏颇，希望前辈朋友批评指正，在此一一谢过。

侯熠

目　录

绪　论   1

第 1 章　住宅室内设计基本含义   3

  1.1 住宅的基本内涵

  1.2 住宅室内设计的内涵

  1.3 住宅室内设计的限制因素

  1.4 住宅建筑发展简述

第 2 章　住宅设计风格   13

  2.1 风格的概念

  2.2 研究风格的意义

  2.3 风格的分类与比较

  2.4 地域性风格

  2.5 传统中国住宅风格及改良

第 3 章　住宅空间设计方法   31

  3.1 住宅空间设计的基础功能

  3.2 住宅空间设计的心理学基础及原则

  3.3 常见住宅空间设计的使用功能

  3.4 住宅空间分析方法

  3.5 住宅设计的维度

第 4 章　住宅设计人机工程学   59

  4.1 人机工程学的概念

  4.2 住宅设计与人的活动

4.3 住宅设计中知觉与交往距离

第 5 章　住宅陈设设计　　　　　　　　**75**

5.1 住宅环境陈设的概念

5.2 住宅空间陈设的设计方法

5.3 住宅空间陈设设计的流程

第 6 章　住宅空间设计美学　　　　　　　**97**

6.1 住宅空间美学概述

6.2 住宅空间美学的研究意义

第 7 章　住宅空间设计程序　　　　　　　**107**

7.1 设计实践基本流程

7.2 项目沟通与谈判

7.3 项目问题与解决

结语　　　　　　　　　　　　　　　　　**117**

绪　论

住宅室内设计研究方法

　　住宅室内设计研究的系统是由 What、Who、When、Why、Where、How 六个疑问词针对其研究内容组成的相互关联的有机整体。展开来说主要包括以下几个方面：What（住宅是什么）、Who（居住者）、When（住宅的发展史，工艺的更迭）、Why（住宅设计原则）、Where（地域性问题）、How（住宅设计方法）。

　　这六个部分是不可分割的，其中有一些部分还有重叠和相互影响。随着我们对事物的认识不断深化，每个部分都可不断拓展细分下去，对于一本教材，对这门课有基本的系统性介绍，是教材的主要目标，因此对于一些部分的写作深度，不像研究性著作那样深入，其目的是为了学生能够根据自己对于专业的理解，有意识地进行某一方面的探索，同时希望他们在日后的工作中，对于系统的某些层面有独到见解，发展出独门理论亦是我们所乐见的。

住宅室内设计学习方法

　　在今天的信息爆炸时代，有些信息是有用的，有些是用处不大的，有些甚至是片面的，对于今天的学生和设计师，如何过滤出有效信息，是一种基本技能。相对于过去的信息封闭，今天面对的现象可能是信息过剩；相较于过去的有限选择甚至是被选择，今天摆在人们面前的问题是选择太多而不知如何选择。如何过滤掉无用的噪声，需要听从内心的召唤，而不是人云亦云，有目的地、不断精进地深入学习才是今天每个人应该磨炼的重要技能。

　　因此，在学习这门专业课的时候，需要我们有两种思维方式：一种是系统化的建构和记忆方法；另一种是多层面的观察和理解方法。

　　所谓系统化，就是建构一个知识体系，这个体系是依据客观现象的内在规律建构而成的，其诸多部分相互交结在一起，形成知识的网，而不是点。这种认知需要我们运用逻辑思维，理性地去建构对于一个事物的理解。在某种程度上，对于大学生而言，大学就是提供这些体系和系统的象牙塔，这种系统化的思维方法，是每个科班出身设计师的理论基础，这使他们可以更快、更准、更宏观地理解任何事情，对于一件事也能够根据已知条件判定结果，总结出结论。

　　所谓多层面，就是对于某个具体内容，通过自己的个人体会，不断深入地分析某个部分，形成独到的观点，当然这些观点受到客观现实的限定、历史时期和思想观念的制约，有时候会有些片面和偏颇，然而也正是这种抽丝剥茧的深入研究，才拓展了设计师的认知深度，这一点，在当今的设计实践中，尤为重要。每个出色的设计师，都是具有独特人格的，他们结合自己的审美经验和设计实践，让住宅室内设计呈现出千姿百态的风貌，形成其独特的个性，引领了某些潮流，服务了特定使用者。

比较而言，系统性是综合型的，多层面是分析型的；系统性学习方式是一种理论化思维方式，多层面学习方式是一种个性化思维方式。所以，系统性的认知方式更像将星空照片上的散碎星星组成星座，连成黄道十二宫；多层面的认知方式更像是切开洋葱，一个层次又一个层次地做学问或不断探索冰山浮在水下的部分。

我们要警惕系统性将学问框定死，也要警惕对于花样翻新的作品肤浅了解，把碎片化知识当宝贝放在口袋，要知道，这些碎片化知识没有系统性思维，最多是一盘碎钻石，无法成为美丽的珠宝。

使用这两种学习方法，系统地了解住宅室内设计的组成部分，再根据自己的兴趣进一步去探索符合自身个性的设计趋势，是从学生成为设计师的必由之路。

此外，作为一名教师，从自己的学习经历中，我深刻地认识到，中国大学教育的问题很大程度上是不落地的，也就是说，在文化的解读上出现了偏颇。一种文化，至少可分成三个层次：理念文化、制度文化和器物文化。每个大学教师，在课上言必称大师，将某些大师奉若神明，这固然有道理，但是很多大师的方案，在一定时间范畴内是优秀的，而随着时间的流逝，很多大师的作品未见得就是好作品，例如柯布西耶的萨伏依别墅，因为施工技术问题，导致居住者的孩子得了肺炎，他主张的新建筑五点中的一些内容也是与项目脱节的。也就是说，大学在强调理念层面上，忽略了器物文化的层面。换言之，就是重视"道"远远超过重视"技"。道、技之辩古已有之，清代很多目光短浅的人将西人的技术视为奇技淫巧，被其坚船利炮挫伤锐气之后，从文化自负变成自卑，贻害深远。今天的我们，应该清醒地认识到技术的重要性，这也符合今天国家倡导的工匠精神。过去常常认为匠人是卑微的，然而内心有所坚持，将自己的专业从技术层面升华到艺术层面，从技术转化为艺术的自我超越，符合庄子的观念，进而自觉地完成自身超越，"苟日新、日日新、又日新"，这又符合孔子的精神，其本质就从个人的自我完善，到国家制度和文化的自我完善。

作家格拉德威尔提出了"一万小时定律"：天才之所以卓越非凡，并非天资超人一等，而是付出了持续不断的努力，一万小时的磨炼是任何人从平凡变成超凡的必要条件。按比例计算就是：如果每天工作八个小时，一周工作五天，成为一个领域的专家至少需要五年。故而，要结合自己对于生活的理解，对于文学、艺术的倾向，换位思考居住者的切身需求和潜在需要，在这个专业上努力五至十年，一定会成为出色的设计人才。

第1章　住宅室内设计基本含义

在研究住宅设计之前，先要考察相关的几个内容，包括家庭与住宅的关系，住宅与其他房屋的区别，作为研究对象的住宅等。

1.1 住宅的基本内涵

1.1.1 住宅的概念

住宅，是人们对自然环境有目的加工形成的，供人们居住并具备生活起居功能和设施的建筑。住宅与家庭生活是密不可分的，一般来讲住宅是家庭生活方式在物质层面的体现。

图 1-1-1　流水别墅

美国建筑师弗兰克·莱特设计的流水别墅，是建筑与环境巧妙融合的范例，体现了当时美国人对美好生活的向往。

1. 住宅与家庭

家庭是在婚姻关系、血缘关系或收养关系基础上产生的，由亲属构成的社会生活单位。从功能上来说，家庭是儿童成长及供养老人、满足经济合作的人类亲密关系的基本单位。

图 1-1-2　家庭是社会的基本单元

住宅是为家庭量身定制的。通过了解家庭的含义，我们得知对应于家庭生活的住宅，需要满足生活方方面面的功能要求。住宅基本分成了几类空间：公用空间（庭院、客厅、餐厅、卫浴间）、私人空间（卧室）、多用空间（书房、储藏室、陈列室、休息区）、交通空间（走廊、楼梯、玄关、电梯厅）。每类空间还可以具体指定给某个居住者，

图 1-1-3 客厅宽敞明亮，以壁炉和电视为核心

例如卧室还可细分为主人房、老人房、儿童房、客房、佣人房。

住宅与家庭生活模式是一一对应的，家庭关系决定了住宅的模式，例如今天在大城市生活着很多单身人士，租住在一个房子中，形成新的邻里关系，这也是一种新的家庭生活模式。

2.住宅与建筑

图 1-1-4 建筑类型图表

建筑是建筑物与构筑物的总称，是人们为了满足社会生活需要，利用所掌握的物质技术手段，并运用一定的科学规律、美学法则乃至风水观念创造的人工环境。建筑分为生产性建筑和非生产性建筑，后者即民用建筑，包括公共建筑和居住建筑，这里的居住建筑就是住宅。住宅室内设计与其他空间的室内设计的最大不同在于更关注使用的舒适度和私密性。

3.住宅与生活方式

通过整合空间功能，家庭生活方式得以展现，不同文化有不同的表现，例如中国传统民居里，厨房的灶具与起居室的火炕相连，而现代西式的厨房则靠电器、天然气设备来烹调饭菜，这两者之间有着明显差异，体现了不同的文化特点。

图 1-1-5 中国传统砖石柴灶与蒸笼

4.住宅与家

家的内涵同时包含了住宅空间和家庭生活两个层面。

图 1-1-6　西式厨房

图 1-1-7　北欧小户型，面积虽小，
　　　　　五脏俱全

图 1-1-8　公寓内部简洁而精致，设
　　　　　施完备

图 1-1-9　跃层住宅的阁楼个性鲜明

在住宅的建造过程中，主人按照自己的要求和理想规划实现居住目的，作为设计师，工作之一即是为业主（设计委托人）从专业的角度更好地提供居住服务。设计师的工作是为营造一种家的体验和感觉做事前准备，然而只有在使用过程中，经过使用者与空间之间相互磨合，"家"的感觉才会形成，一句话，家是使用感的集合。

1.1.2　住宅的基本形式

1. 单元式住宅

单元式住宅，是以一个楼梯（含电梯）为几户服务的单元组合体，一般为多层住宅。单元式住宅的基本特点：第一，以楼梯为交通连接，每层安排户数较少，各户自成一体；第二，户内生活设施完善，既减少了住户间的相互干扰，又能适应多种气候条件；第三，建筑面积较小，造价经济合理；第四，保留一定的公共使用空间，如楼梯、走廊，便于邻里交往，有助于改善人际关系。

2. 公寓式住宅

公寓式住宅一般为高层建筑，设计建造标准较高，每一层内有若干单户独用的套房，包括卧室、起居室、客厅、浴室、厕所、厨房、阳台等。还有一些公寓式住宅附设于酒店之内，或托管于酒店管理公司，以便更好地为居住者服务。

3. 跃层式住宅

跃层式住宅是指住宅占有上下两层或多个楼层，卧室、起居室、客厅、卫生间、厨房及其他辅助用房可以分层布置，上下层之间的交通采用户内楼梯连接。优点：第一，可以为卧室和客厅安排更多的采光面，空间通透，房间通风更好；第二，居住上围绕着主客厅设计，共享空间连接了两个楼层，空间开敞，采光充足；第三，布局合理，功能划分明确，相互干扰较小。

4. 独立式住宅

独立式住宅就是常说的别墅，经常选用西式洋楼的建造形式（现代风格也逐渐流行），是带有花园草坪和车库等设施的独院式多层建筑，建筑密度很低，内部居住功能

图 1-1-10　别墅中经常出现的共享空间连接了两个楼层

完备，装修形式富于变化，户外道路、通信、绿化率也都有较高的设计标准。由于花园与建筑的一体化设计，使用者可以更好地亲近大自然。设计师设计时应考虑建筑内外空间的统合。别墅分为独栋别墅、双拼别墅和联排别墅。

1.2 住宅室内设计的内涵

1.2.1 住宅室内设计

图 1-2-1　家是生活方式在物质和精神上的集合体

室内设计是根据一定使用目的，利用现有技术手段，对空间进行安全、舒适、美观、个性化的改善，为使用者提供更具人性化的生活空间的专业。

如果说公共空间室内设计，会考虑到对使用者的限定，那么住宅室内设计更注重对使用者的物质和精神两方面的满足。物质层面考虑环保、舒适、美观的建筑材料，科技融入家居空间的智能控制，精神层面则考虑交往、休息、学习、康体等多个层面。同时考虑到不同年龄段使用者的需求，对儿童、老年人和残障人士需要更加精心对待。一言以蔽之，就是让使用者在自己的居住空间中，获得物质享受和精神愉悦，更有尊严地生活，保有诗意栖居的理想。

图 1-2-2　进深通常指平面图上长轴方向上的深度

图 1-2-3　净高指地板和天花板之间的距离

图 1-2-4　多用空间——休息区连接室外空间，轻松惬意

1.2.2　技术名词

了解一栋住宅，首先要认识住宅空间的进深、开间面宽、层高和净高等概念。

1. 进深

传统住宅的进深指从大门进入房间后墙的深度。在现代建筑中是指一间独立的房屋或一幢居住建筑从前墙皮到后墙皮之间的实际长度。为了保证建成的住宅具有良好的自然采光和通风条件，住宅的进深在设计上有一定的要求。在住宅的高度（层高）和宽度（开间）确定的前提下，设计的住宅进深过大，会使住房成狭长形，距离门窗较远的室内空间接收到的自然光线不足。

2. 开间（面宽）

在传统住宅中，面宽通常指屋檐方向上的宽度。现代住宅的开间是指采光的一面墙的宽度，因为是就一自然间的宽度而言，故又称开间。开间在设计上也有严格的规定，常用的 0.3m 为模数递增长度，从 2.1m、2.4m 一直到 4.2m 甚至更宽。

3. 层高和净高

一栋住宅每一层的高度称为层高，层高通常指下层地板面到上层楼板面之间的距离。层高减去楼板厚度，即为净高。净高是最常用的设计工作数据，在净高的基础上减去地采暖混凝土及普通瓷砖（木地板）的厚度以及吊顶深度，才是房间最终的高度。目前一般住宅层高都在 2.75~3m，有的带夹层的住宅层高可接近 6m。

1.2.3　功能与空间

住宅需要满足人们的起居生活需求，按照不同的空间特性住宅可以分为公共空间、私密空间、多用空间和交通空间。展开来说，现代住宅基本分成了几类空间。

（1）开放空间：庭院、客厅、餐厅、公共卫生间、茶室、酒吧、影音厅、健身房、娱乐室、泳池、植物园、户外厨房。

（2）私人空间：主人房、老人房、儿童房、客房、佣人房、淋浴间、保密室、祭拜空间。

（3）附属空间：书房、工作室、化妆间、衣帽间、

图 1-2-5　卧室是以床为中心的房间

图 1-2-6　将楼梯下方改造成书柜使
其具备储物功能

图 1-3-1　设计受到空间、费用和观
念三方面限制

陈列室、储藏室。

（4）交通空间：走廊、楼梯、玄关、电梯厅、车库、游船码头。

基本类型如上所述，很多住宅根据面积和功能需求，拥有多个风格相近或风格迥异的客厅或卧室，在进行这样的设计时，设计师根据委托人的要求进行功能深化。

1.3　住宅室内设计的限制因素

在开展住宅室内设计之前，首先要认识到完成目标会遇到的限制或障碍。

第一层，费用限制。

任何设计都需金钱的投入，支出的多寡直接限制了设计效果的实现。费用的限制可以用两种方式来计算：一种是总造价，另一种是每平方米造价。一般而言，总造价是主要限定，而每平方米造价相对灵活，可以根据委托人和设计师的意图，进行平衡，抓住重点进行深度设计，分配较大支出，对于次要部位相应减少投入。

第二层，空间限制。

住宅建筑的框架体系限定了室内空间拓展的可能性，例如朝向、层高、承重墙体、梁和柱子是不可改变的，这就需要设计师在现有的房型结构条件下，推翻非承重墙，以提高空间使用效率。

第三层，观念限制。

住宅室内设计的服务对象是住在房子内部的使用者，他们的生活习惯、生活方式及审美观念，对于设计效果的实现起着至关重要的作用，在费用和空间相对固定的情况下，仍然可以出现风格各异的设计效果，这是甲乙双方相互沟通形成的结果。观念限制是使用者价值观的直接体现。

1.4　住宅建筑发展简述

图 1-4-1　相传有巢氏以鸟窝为灵感构木为巢

中国人常说构木为巢的"有巢氏"教会我们的祖先建造房屋，这能够从一个侧面体现出人类建造技术的发端。作为人，最早都是本能地依照动物的建筑技巧构筑遮蔽物，将栖息地发展为住宅。原始人学习动物挖地穴或山洞来保暖，鸟类搭窝来遮雨，这样的情况我们在各种野外生存记录的故事中，也都能见到。

从利用天然的火到保存火种再到钻木取火、钻燧取火，人类的生存条件有了巨大改善。在半地穴的房屋地面上挖取灶坑进行烧烤，同时能够加热地面，保持一定的温度。

图 1-4-2　半地穴式住宅复原图

之后建筑技术不断进化，人们学会了用木头搭建房屋框架，在框架纵横交叠的过程中，不断编织好房屋的各个表面：在立面上用土坯、砖头围合；在顶上用稻草、席子、木头和瓦片遮挡，就形成了住宅的雏形。

图 1-4-3　半地穴式住宅进化为今天的窑洞

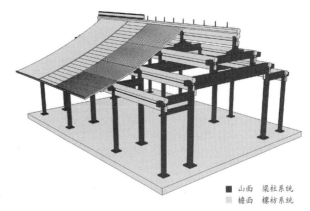

图 1-4-4　中国的框架建筑体系为现代建筑提供重要参考

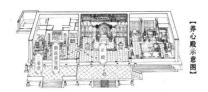

图 1-4-5　清朝皇帝喜爱的三希堂仅有 4.8m²，小巧私密

图 1-4-6　苏州小园子艺圃以精致庭园空间展示了文人住宅样本

中国人的木架构房屋一直延续下来，木框架和榫卯结构，让房屋耐用且具有弹性，不会受到小型地震等灾害的影响。不同于西方的砖石技术，开窗的大小受到窗框上方过梁长短的限定，我们的房屋开敞灵活，形式自由。直到钢筋混凝土的现代城市，也沿用了框架结构，让中国人的建造智慧一直延续下来。

中国传统民居以带脊的大屋顶覆盖整座房屋，屋顶形式变化不大，主要以硬山、悬山为主。房屋还细分为较为复杂的带斗拱的大式建筑和相对简单的小式建筑。在中国人眼里，所有的房子都可以被看做住宅，宫廷建筑是皇帝的住宅，寺庙是神佛的住宅。建筑不喜过高，在平面上展开来却又功能各异。举例来说，皇家紫禁城的规划讲究"前朝后寝"，而较"紫禁城"规模缩小了的四合院，前院接待客人，内宅起居生活，也是如此，并且一直影响到今天的居室设计，即有的空间是用来接待外人的，是给别人"看"的，卧室则是私密生活用的，给自己"居"的。

与住宅建筑同时发展起来的还有园林，如果说住宅是家的要件，园林则根据空间的大小作为配件而存在，中国园林是自然界与人工建筑之间的桥梁，也是文人雅士抒发感情的重要途径，在园林中游走的古人俯仰啸歌，寄望渔樵耕读身份的转换。

在室内，则使用与建造房屋一样的榫卯技术，从唐宋

图 1-4-7　建筑与家具皆为榫卯结构，够成了中国住宅的基因（此图由深圳市共向室内设计有限公司提供）

图 1-4-8　土楼是一种内向性聚居方式

形成的垂足而坐的家具到简约的明式家具和华丽的清式家具，同时各种隔断屏风丰富了空间形式，从内装修到外檐建筑都是用木材，因此相得益彰，形成了中国住宅的基本面貌。概括来说，中国传统住宅的特色就是"充满人情味"，一切生活起居方式都按照传统礼法发展而来。

住宅以胡同、街道连接起来，形成了里坊的街区模式，它是城市的基本单元。在乡村和城镇，多数以院落式为主要形式，又根据地理地形的特征，因势利导地形成各种居住方式，有特色的楼如福建土楼、湘西吊脚楼、广东骑楼、西藏碉楼、上海石库门、西北地区窑洞、东北木屋等形式。

今天我们的居住方式，是在历史和地域文化基础上，慢慢叠加和改良后的样式。住宅的基本建造方式是引用现代建筑的框架体系，以钢筋混凝土和玻璃为主要建材，砖石为辅助，故形成了水泥森林的基础面貌。今天，在中国的城市化进程中，住宅建筑样式均质化突出，住宅平面在不同开发商之间抄袭，住宅千楼一面，或者引入外国建筑样式生搬硬套，少了地域文化特征，不能不说是一种遗憾。今天的少数开发商，已经开始注意到如何打造中国样式的住宅，但很多仍然只停留在外表上，对于今天中国人的居住习惯研究不足，因此我们也盼望随着技术更新，城市生活方式从大家庭到小家庭慢慢变化，形成新的更加多样化的居住方式。同时人口老龄化，居住行为中可能存在互助的方式等，这些都是将来政府、开发商和设计师要探讨的大问题。

第 2 章　住宅设计风格

图 2-1-1　绿植墙大受好评，满足城市人"复得返自然"的追求

图 2-1-2　南方园林建筑温婉素雅、耐人寻味

图 2-1-3　过时的水磨石地面成了文艺和复古的代名词

2.1　风格的概念

风格是艺术和设计代表性面貌的体现。在一定时间和地域环境下产生的某种文化思潮，在人的社会化过程中，形成了特定的审美形式，这些形式反映了一个阶层的人的价值取向及美学上的偏好，它们沉淀下来，借由一些符号和元素体现为风格。

风格有以下特征。

（1）具有经济上的阶层划分。风格是建立在一个阶层人群共同喜好的基础之上的，这与这群人的价值观紧密相联。虽然同一个阶层对风格的接受程度也常具有差异，但在具体项目实践中，经济阶层是判断使用者喜好的重要线索来源。

（2）具有地域性。东西方有差异，南北半球有差异，同一地区的种族和宗教也有差异。地域性差异首先反映在项目的实际建设中，南北方气候不同，会反映在风格的差异上。举例来说，北方冬天寒冷，花木凋谢，所以北方颜色热烈，以丰富冬天的视觉感受。南方温暖潮湿，用色淡雅，白墙如同画卷衬托四时花开。

（3）反映一定历史时期的偏好。从风格也可以判断出一些历史时期，有的风格中的元素是技术进步造成的，故而可以进行时间上的判断，而与此同时设计风格都是在一定时期内流行，流行过后进入沉淀期，在下一个周期风格还会根据社会的需要回潮，只是在这个过程中，具体面貌会有所改变但仍然延续了之前的传统，所以说风格的形

图 2-1-4 巴塞罗那世博会德国馆的
设计者密斯·凡·德·罗
的现代主义经典样本

图 2-2-1 欧式家具的大体量需要足
够的空间

图 2-2-2 中国传统室内设计经过设
计师的努力呈现出新的生
活方式

成也是美学倾向在时间上的积累。

（4）审美上的稳定性。风格是美学价值观的体现，由于价值观是稳定的，所以风格也具有稳定性的特征，这些稳定的部分慢慢积累，会为下一次风格的嬗变打下美学基础。

2.2 研究风格的意义

在学习住宅室内设计的过程中，对于风格的研究主要基于以下几个目的。

首先，在进行项目分析时，要对项目所在地的地理情况以及项目自身的客观性空间限定做完整的了解，这些研究对设计风格的导向具有指导作用。例如欧美式风格适用的家具经常要占据比较大的空间体量，按功能要求理清尺度关系，才可在后续设计中去实现理想的风格。

第二，在对项目委托人的了解过程中，不同人的社会阶层，会对风格有一些前提准备，用更具吸引力的风格去引导委托人，能够让设计师在设计的后续阶段，更好地与之合作，共同完成项目的设计。

第三，文化的回归。风格具有地域文化特征、审美稳定特征，而其本质还是对文化的认同、价值观的理解和包容。作为设计师，在进行风格化住宅室内空间创作时，也是建立一种文化层面上的回归，文化价值能否提升设计价值能够检验设计师的水准。文化是设计的终极追求，对于新的生活方式的探索、新的设计的可能，都基于对新生文化的解读。

2.3 风格的分类与比较

依据空间和地域性，我们可以将风格分为东方的和西方的，形成一定谱系。依据时间因素，又可编成古代、近代和现当代的风格谱系。依据生活理想，还可分成正式的（宫廷的）和田园的（乡野的）各种谱系。根据设计思潮的变化，设计风格还可以分为理性派和感性派。

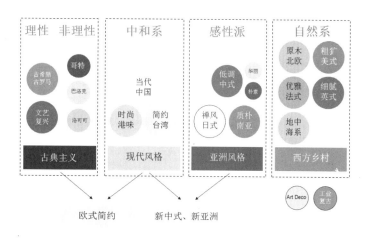

图 2-3-1　谱系图

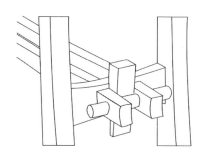

图 2-3-2　榫卯是中国传统家具、建筑的基本连接方式

图 2-3-3　光影在空间中叠加时间，使建筑成为四维艺术

住宅室内设计中，东西方风格的差异是由建造材料及建构方式决定的。石头要用原始混凝土或米浆黏合，而木结构则通过自身的榫卯结构相互连接，这两种不同的建筑方式就决定了东西方建筑文化的各自特征。

东方建筑更具有线性感。梁、柱、榫都是以木为结构主材。而西方民居则多用砖石这种小型材料堆砌而成。其结果是东方建筑和室内空间更加空灵，而西方住宅空间相对厚重。东方建筑非常关注采光和通风，西方古代建筑于此不甚关注。由于光影变化的引入，东方建筑中时间的连续性呈现更好。而西方空间设计，对于某一时间片段的空间感把握得更好。

2.3.1　无特征的现代主义

在所有的设计风格中，有一种风格是居中的，那就是现代主义。现代主义建筑选用了东方式的梁柱结构和西方现代抽象绘画的理念，去掉了宫廷和田园风格中的各种装饰物，形成了具有普遍意义上的中和特性。现代主义融入任何风格的元素，就形成了新的文化思潮。

现代主义的美学是建立在冷抽象和色彩构成、立体构成、平面构成诸多理论的基础之上的，因此具有很强的理论系统的指导性，对于现代主义的研究是很有必要性的。

15

图2-3-4 现代主义摒弃过度装饰从而具备中和不同风格的能力

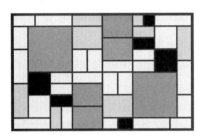

图2-3-5 蒙德里安以抽象方式建立现代主义绘画理论

图2-3-6 "装饰就是罪恶"成为极少主义风格的座右铭

图2-3-7 现代主义强调"留白",让空间成为生活的背景

现代主义设计风格是在工业化生产下产生的,以工业模数为基本保证,体现一种理性的设计风格,空间构成合乎平衡、重复、韵律等抽象美学规律。

在这种理性化的设计风格中,"装饰化就是罪恶"和功能美学成为设计的基础,它在颠覆旧有文化的同时,又认其低廉价格让多数人受益,努力实现具有共产主义特性的"居者有其屋"的理想。

现代主义设计,从根本上改变了人物对于住宅空间的认识,颠覆了几千年来的住宅设计,对东西方的生活方式,形成了一次全新意义上的解放,世界的面貌也为之一新。

现代主义设计的基础特性如下。

1.最小装饰

无装饰空间的连续性加强,空间和空间之间的灰色带成为设计中的"留白"。从一个空间到另一个空间朴素的颜色成为主体色调,空间甘于作为住在其中的人的配角,将空间的使用权最大限度地给予人。

2.重视光环境

重视光环境不只是指自然光的引入、遮挡,现代主义风格建筑中,人工照明能够对某个空间的特异性进行渲染,展现材质美。例如洗墙灯设计,能够在墙面上形成光影的渐变效果。

图 2-3-8　光线是现代主义风格设计的灵魂

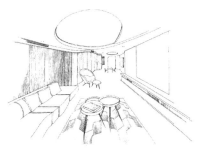

图 2-3-9　结构与造型融为一体是现代主义的特征

图 2-3-10　石材本身的纹理成为墙面装饰图案

3. 结构即造型

很多现代设计中，建筑构件本身的连续、重复具有节奏感和韵律感，成为装饰的一部分。例如开窗设计上，高低大小各不相同的开窗位置形成了墙面的画面感。

4. 肌理即装饰

不在界面上附加装饰品，而将材料本身的美学发挥到极致，将材料美视为一种装饰语言。现代风格设计中，经常能看到清水混凝土、木质的天然纹理和肌理。以肌理和纹理完成装饰更能强化墙面的主体感，而不是只在平面上做构成试验。

5. 用色较强烈

用色上依据色彩构成原理，运用大面积主色，经常是黑、白、灰这样的无色彩。再用重点颜色做点缀，强调突出、对比和特异性。色彩构成上，大面积的同类色和谐统一，而小面积的对比色，甚至是互补色，让空间充满张力。在住宅设计上，一些高彩度的颜色也被使用，效果强烈、个性突出。

现代主义的优势是，无装饰的形式可以结合很多地域风格，中和成各种新的居住空间风格，例如现代主义中体现一些欧式元素，就形成具有欧式气息的现代主义，有人给这种形式自造了名字，曰"简约欧式风格"，虽然不是

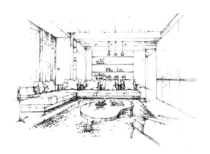

图 2-3-11 无色彩的黑白灰是现代风格的配色基础

图 2-3-12 文艺复兴强调对称与平衡

图 2-3-13 巴洛克风格是动感奢华的代名词

学术定义，但却很有市场。中国传统室内设计装饰要素融入现代主义设计理念，就成了"新中式风格"，也在设计实践中大量涌现。究其原因是，设计风格需要改良并不断结合今天人们的日常需要，固守传统风格而不能突破，是不能够发展设计之美的。现代主义发展至后期被称为"国际主义"，在全世界开花结果，而居住者的需求要求"国际主义"与地域环境相适应，就形成了各种新的现代主义的改良和变体，丰富了今天的住宅室内设计面貌。

2.3.2 欧式风格的基本类型

广义的古典主义风格是指在古希腊和古罗马建筑基础上发展起来的文艺复兴风格以及文艺复兴风格的后继者，即巴洛克和洛可可风格，它们都对住宅室内设计产生深远影响。

从历史学的角度而言，建筑风格的形成是技术进步的积累。从古希腊的梁、柱、板的结构体系演进到古罗马开始建造拱券，再到哥特式的双圆心拱，吹拔向上，高耸入云，成为建筑发展史上的一个特例。由于文艺复兴运动对古希腊和罗马文化的继承，理性主义破除神秘感又占据了统治地位，再加上其后宫廷生活的日益奢华，形成了巴洛克和洛可可风格，西方的建筑和室内设计基本上是一脉相承的，以技术为支撑，形式则一种接着一种不断地翻新。

基本来说，西方的古典主义及法国确立的新古典主义都是西方人对于"宏大"这一词语的理解，从高耸的哥特尖顶到宏伟的天顶绘画，都反映了教堂的肃穆和宫廷的华丽。这些都对住宅设计产生了影响，而对设计影响最突出的风格，应该是文艺复兴及非理性的后来者，即巴洛克和洛可可风格。因为尺度的原因，这三种风格更接近于当今人们的生活情境。巴洛克的狮子腿家具表现了男性化气质，而洛可可的淡色粉金装饰更多影响了女性的生活方式，文艺复兴则更具有古希腊建筑美感，单纯而优雅。

图 2-3-14　洛可可风格反映出宫廷女性的纤细奢靡

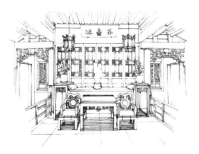

图 2-3-15　苏州园林室内以木屏风分隔空间

图 2-3-16　日式住宅的推拉门和榻榻米展现东方建筑的空灵美

2.3.3　东方风格的基本类型

一般而言，东方风格经常指的是亚洲地区国家的设计样式，更具体地是指从东亚到南亚沿线国家的室内设计形式。对风格的理解深度和生活的地域性较为相关，作为身在东方的中国人，我们对自己民族的建筑和室内设计风格应该有深入的了解，与此同时，对我国周边国家和地区的设计类型也应该有基本的认识。相对于欧洲的砖石建造方式，东方人更多使用木构造，这种形式一直深入建筑内部的室内空间，因此，室内设计也与各种木作息息相关。

作为中国建筑，室内设计风格由于技术的延续，变化不大，从唐朝定下的基本形式，一直沿用至明清时期。日本很好地继承了唐朝的建造样式，沿用了席地而坐的生活习惯，广泛使用榻榻米这种地面材料，这成为日本室内风格的重要形式。

到了南亚地区，住宅室内风格则更加注重通风性，采用的颜色也更加热烈鲜艳，给人一种强烈的热带风貌。从艺术装饰上也和当地文化、宗教等密不可分，雕刻形式丰富而精美。

近年来流行的新东方主义风格，也是将现代主义设计风格与亚洲诸国的当地文化相融合，继承传统要素，而建

图 2-3-17　越南传统住宅用两层门窗通风隔热

图 2-3-18　新亚洲风格延续东方风格的含蓄

图 2-4-1　巴厘岛结合当地资源建造极具特色的竹屋

造方式、空间形式多采用现代主义的设计理念，拥有相对自由的平面布局和自由流通的空间，成为非常热门的室内设计潮流。

2.4　地域性风格

地域性是国际化的反方向，影响了建造的方式，进而影响了住宅室内设计的样式。地域环境对空间设计的影响主要在于气候和人们的生活习惯，不同纬度决定了四季变化的特点，同时沿海地区和内陆地区的气候也决定了住宅的建造形式。例如，高纬度（接近地球两极）地区建造的住宅多用坡屋顶，这是由于冬季漫长，雪的压力会对建筑造成很大影响，尖屋顶较少积雪，更适宜住宅使用。地域性影响了居住者的生活方式，因此住宅室内设计也适当地进行了调整。

我们经常说的田园风格，其实就有地域性风格的影子，所谓田园就是指脱离了现代城市的冰冷，更符合人们内心需要的一种理想追求。地域性风格也常常因为带有地方特色的装饰造型，摆脱了现代主义的单一性，特别在后现代社会的今天，"Less is more"被很多设计师戏称"Less is bore"，即"少是无聊"。我们需要地域性风格让我们知道自己身处何方。让世界保持原有的丰富和特色，也是一

图 2-4-2　建筑师隈研吾创作的长城脚下公社之竹屋

种对人和历史的尊重。

图 2-4-3　宜家家居展现了斯堪的纳维亚的生活方式

图 2-4-4　阿尔托以自宅为工作室完美展现质朴的北欧风情

2.4.1　北欧风格

北欧主要指北欧五国，即丹麦、芬兰、挪威、瑞典和冰岛，它们被认为属于斯堪的纳维亚地区，这些国家相对独立又在文化上趋同。其中瑞典的宜家家居（IKEA）是全球最大的家具家居用品商，分布于 38 个国家，把斯堪的纳维亚的生存智慧和生活方式推广到全世界，其理念是"提供种类繁多、美观实用、老百姓买得起的家居用品"。

北欧风格的基本理念也受地域环境的影响，其地处北温带与北寒带交界处，大部分地区气温较低，同时森林资源丰富。继而呈现出两个特点。第一，寒冷让北欧设计更注重温馨。设计大师阿尔瓦·阿尔托的作品非常能够代表北欧人的生活理念——与自然和平相处，有机现代主义，营造大量温馨舒适的居所。第二，丰富的木材支撑北欧木质家具开发冠盖全球，最著名的家居设计大师汉斯·韦格纳是北欧家具设计师的代表人物。

住宅室内设计上，北欧设计非常关注生活细节。在现代设计风格的基础上，少量装饰地域特色的饰品。颜色以黑白为主，配合纯色丰富空间，同时木质元素大量应用，让空间充满人情味儿。

图 2-4-5　阿尔托建筑外立面周到的
　　　　　细部处理

图 2-4-6　北欧风格充盈着拥挤温馨的人情味

图 2-4-7　地中海风格典型的圆棱弧
　　　　　形门洞

图 2-4-8　巴塞罗那住宅的精致配饰

2.4.2　地中海及美式风格

地中海地区主要指环绕地中海的系列国家，包括希腊、西班牙、意大利等。这些国家气候相似，有较强地域性特征，其室内设计风格称为地中海风格。地中海区域，夏季干热少雨，冬季温暖湿润，冬雨夏干的气候非常有特点。为了抵御夏季的热浪，人们将墙砌筑得比较厚重，空间和空间之间直接以门洞相连便于通风，不装门扇的情况下，门洞造型得以解放，多以拱券式为主，在门洞的细部处理上用泥灰抹圆转角。

地中海风格是很多别墅的首选样式，粉刷过的墙壁，红瓦屋顶，窗户拱门或圆券的形状加装了木格栅或锻铁阳台护栏，形式多变，多能见到复古手工瓷砖，以丰富的图案及颜色加强了地域性装饰特色。

地中海风格中，不同国家用色不尽相同，希腊以蓝白色为主，白色墙面配以蓝色门板和配饰。西班牙则爱用它的国旗颜色——砖红和中黄作为室内配色，复古地砖选用红黄二色拼接在一起，色系统一又有灵活性。意大利托斯卡纳区的首府是佛罗伦萨——文艺复兴的发源地，托斯卡纳风格也可以被看成地中海风格的一个分支，斑驳的石头、

图 2-4-9　西班牙安达卢西亚风格中木顶棚和拱门的经典造型

图 2-4-10　粗犷砖石砌筑的壁炉，颇具意大利托斯卡纳情怀

图 2-4-11　美式住宅延续了地中海风格的很多特色

粗糙的木梁、厚重的泥灰墙体，是托斯卡纳风格的基本要素。

美国作为移民国家，市政厅和银行等公共建筑大量选用希腊样式，突出简洁和稳重。而在住宅建筑上，西海岸的加利福尼亚原是西班牙殖民地，因此它延续了西班牙室内设计的特点，最后发展成为美式设计风格的一个分支，大量使用木作造型，包括吊顶、主梁、镂空窗扇等。

2.4.3 英法风格

英法风格可以比较来说，英国是岛国，法国属于欧洲大陆，二者气候条件不同，然而两国的设计却有共同点，那就是"精致"。英国的设计具有手工艺传统，可以追溯到维多利亚时代的哥特复兴运动和威廉·莫里斯的红房子设计，受到明清中国自然主义造园风格的影响，英国人非常热爱田园生活，讲究一种稍有古板的手工特色，反对大机器。

法国直接继承洛可可风格和新古典主义风格，设计上纤细精致，甚至在别墅设计中，都可以嗅到一丝"腐朽"气息，对于往日奢华甚至是萎靡的回望，让法式设计成了最优雅的设计样式，慵懒迷醉如咖啡香。在法式设计中经常可看到白如扑粉的洛可可家具，粉蓝色的墙纸和纱幔，

图 2-4-12 威廉·莫里斯设计的墙纸体现维多利亚时期的繁复

图 2-4-13 英式住宅喜爱自然主义的田园氛围

图 2-4-14 法式风格以柔媚纤细为特色

各种繁复的石材铺贴纹样。英式设计则像福尔摩斯一样,古旧甚至有些沉闷,这是维多利亚时期封建遗存的影响:绘制玫瑰的墙纸,人字拼花地板,复古铸铁暖气和各种管道,具有一种理性意味,内敛含蓄,像英国人热爱的下午茶。

2.4.4 日式和韩式

日式又称和式,融合了中国唐代建筑及室内设计的特点,又发展了自己的特点。日式最突出的特点在于生活方式是席地而坐,推拉门、屏风、榻榻米和松木或杉木本色梁柱是日式室内设计的重要特征。日式设计风格源于日式

图 2-4-15 传统日式住宅强调景观的引入

图 2-4-16 现代日式住宅喜爱原木的细腻与质朴

图 2-4-17 日式住宅沿袭席地而居的
生活习惯

美学，其特点是幽冥与枯寂、内敛而含蓄，追求空间中的冥想，重视小空间的合理使用与小尺度空间的精打细算。推拉门采用木框裱糊日本纸，通过推拉叠错展开空间与空间的连与隔，也可以将室外景观引入室内。

传统的韩国民居也秉承了席地而坐的传统，由于纬度较高，韩国民居地面铺设的地板革下面有地采暖设施。在屏风和隔门的装饰上，绘有韩国特色的装饰画。整体设计多运用原木材料，自然质朴，较日本的枫木和杉木色颜色更重，有的经过炭烧处理。现代韩国人在个别室内保持传统，多数空间都选西式设计风格，因而很多韩国人的住宅是折中式的。

图2-4-18 韩国传统住宅木构建筑低矮亲切

图2-4-19 韩国民居空间多呈现小巧素朴的特质

图2-4-20 印尼巴厘岛选用木、藤类
质朴材料建造住宅

2.4.5 东南亚风格

东南亚地区属于热带亚热带地区，包括越南、泰国、马来西亚、印度尼西亚、菲律宾、缅甸、柬埔寨等国。受到当地气候环境的影响，东南亚建筑讲求半开放的空间分隔，东南亚风格具有明丽热烈的配色，孔雀蓝和桃红的使用比比皆是。室内空间经常运用镂空雕刻的门窗，雕刻内容为当地的宗教和神话题材。

为解决东南亚高温酷暑带来的蚊虫问题，设计中经常看到采用各种帘幕，包括珠帘纱帘，作为空间分隔的方式。床铺也挂着纱幔蚊帐。材料使用上，由于东南亚地处热带，藤是非常重要的家具和装饰材料，同时在橱门上经常能看

图 2-4-21 纱幔起到隔绝蚊虫的作用

图 2-4-22 Art Nouveau 风格运用自
然造型探索古典主义之外
的装饰方法

图 2-4-23 Art Deco 风格用几何造型
体现速度和动感

到草编、竹席和椰棕等装饰面层，木材也被大量运用到吊顶的装饰中，结实耐用、自然淳朴。装饰上，很多空间中能看到吊灯与吊扇结合的吊扇灯，室内还可见到粗犷的石质雕刻构件，充满异域风情。

2.4.6 Art Deco 风格

Art Deco 风格是 Art Decoration 的缩写，美国 1918 年之后的黄金十年，即菲茨杰拉德所谓的爵士时代，对我国上海等沿海城市影响很大。Art Deco 的艺术风格与 19 世纪末的新艺术运动（Art Nouveau）有一定关联，当时是资产阶级追求自然主义（如卷草或花卉的形体）与异域文化（如东方的纹样与工艺品）的有机线条，这些形式构成了极具装饰性的视觉语言。

Art Deco 结合了工业文明的机械美学，以较机械式的、几何化的装饰线条为主要形式，常用太阳光的辐射、齿轮或流线型线条、对称简洁的几何构图等。这种风格不同于维多利亚时代的哥特复兴，是古典主义向现代主义转变过程中的一种形式，它将古典主义的繁复装饰几何化，慢慢过渡到现代主义的无装饰。在经济繁荣时期，这种形式理性的浪漫主义受到推崇，在很多样板间的设计中得到了广泛应用。

2.4.7 LOFT 风格

LOFT 风格体现出一种工业复古潮流，近年来被文艺青年们追捧，从而影响到家庭装修的设计。所谓工业复古，是对没落的大工业厂房的追忆，这种源于美国纽约 SOHO 地区的设计风格，是由艺术家们最先探索出来的，他们在制作大幅绘画或雕塑时，需要大空间进行创作，为了控制成本而租用了废旧厂房，聚集起来形成艺术街区。LOFT 本意是阁楼，很多艺术家在下层创作，阁楼用于卧室，形成的工作室被称为 home office，不大的 loft 则被称为 small office，这样便有了 small office home office 的缩写 "SOHO"。

在 LOFT 设计中，经常看到保持原有造型的墙体，水

图 2-4-24 LOFT 风格具有工业复古情怀

泥或砖墙斑驳脱落，木梁或工字梁等建筑构件暴露在外，金属花纹板等工业材料被拓展成为装饰材料。板材使用上，定向刨花板、软木等材料摆脱细腻的烤漆，恣意潇洒地充斥在压光水泥地面承托的空间中。装饰物中，经常看到麻绳、锁链、天车吊钩等，电扇也用大功率的工业扇。总结 LOFT 风格的精髓，就是"酷"，是一种对工业文明的怀念和复古，不同于 Art Deco 风格的精致，LOFT 风格成为一种生活方式，粗糙的外表下蕴含了艺术家细腻的情感。

2.5 传统中国住宅风格及改良

图 2-5-1 藻井天花板深沉厚重，是典型的北方建筑

对传统中式住宅风格的理解和新中式在设计上的创新，无疑是对每个设计师的挑战。作为中国设计师，认知解读我们的传统是一种文化的回归。中国传统室内设计风格与建筑结合在一起，空间四平八稳。南方建筑需要良好通风，多采用暴露顶棚的方式，露出房檩和屋顶板。北方宫廷则喜用天花板做装饰，保暖隔热。空间规划上，用落地罩、立式插屏或折屏，进行区域划分，丰富空间的层次性，还会在花罩上加纱缦，美化了木质过多的生硬感。

图 2-5-2　木雕雀替上雕刻祥瑞图案和
人物故事

图 2-5-3　抱鼓石强调入门的仪式感

在装饰上，中国传统民居丰富多彩，木雕、砖雕、石雕、三大类型，出现在门窗扇、瓦当和抱鼓石等各种装饰构件上。雕刻的内容多为人们美好的期望或古代传说故事。在房间内，摆设成套家具服务生活起居。

此外，大量陈设让空间具有居住者的个性，让房子变成家，比如绘画、楹联、香炉、花瓶，各种文玩杂项不一而足。随着对外交往，还引进了玻璃、水银镜子等装饰材料，饰品中也不乏钟表这类舶来品。

中国传统民居建筑室内设计，内容相对固定，传承了封建社会的基本伦理观念，从唐宋一直发展到明清，都是以汉文化为主体的，少数民族地区则保留了地域特色，到了晚清民国时期，受到西方影响，一些欧洲样式进入人们的视野，在一定程度上改变了传统，但仍然是支流。

任何风格的流行都是与经济发展相协调的，一种风格的流行，必然伴随着主流阶层的喜好。中国传统风格发展到今天，又迎来了新的篇章。改革开放的几十年，中国人慢慢不再追求西方文化，而是有意识地利用西方先进科技的便利，众多设计师开始挖掘民族建筑和居住文化的精髓，因为基因相同容易被吸收，也让民众认识到中国传统设计风格应该再次复兴。

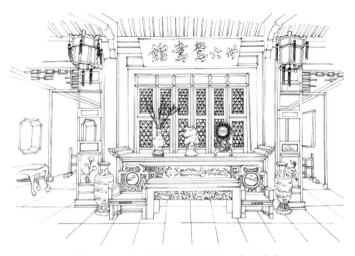

图 2-5-4　中堂的摆设中轴对称、宾主有序

图 2-5-5 古人用屏风隔绝出空间层次的创意为今人所用
（此图由水平线室内设计有限公司提供）

图 2-5-6 韩熙载夜宴图中的围屏榻

今天所谓的新中式，我们可以将其定义为一种新中式主义。新中式风格这个概念比较狭隘，例如更多地使用装饰纹样进行堆砌，将几种元素进行拼贴和混搭，就形成很多人印象中的新中式风格。优秀的设计师并不拘泥于某种符号，而应该挖掘民族文化的特色，找到设计的关键点，进行改良和再创造。新中式主义应该基于当下的现代主义室内设计原理，以简约的形式、具有文化品位的设计细部、完善的元素构成有机、有逻辑的新中式空间。

图 2-5-7 中西合璧的住宅

图 2-5-8 张大千泼墨山水画以抽象方
式传达自然意象抓住了中国
画的精髓

图 2-5-9 新中式主义将泼墨写意的抽象审美带入住宅

30

第 3 章　住宅空间设计方法

图 3-1-1　住宅能满足不同的生活需求

图 3-1-2　极地圈的长夜不符合昼夜
分明的生活习惯

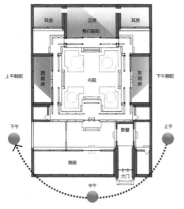

图 3-1-3　四合院坐北朝南合乎日照
规律

3.1　住宅空间设计的基础功能

如维特鲁威三原则中提到的，任何一栋住宅，首要的是坚固，其次是实用，再次是美观。作为建筑要对抗地心引力，坚固尤为重要；作为陈设装饰，美观需要重点考虑；而作为住宅，实用是介于坚固和美观之间的内容，也是让建筑变成住宅，住宅变成家的一个重要环节。作为一栋住宅，基础功能是遮风挡雨，然后提供私密安逸的生存环境，最后是自在地栖居，这三个层次逐渐递进。因此，住宅设计有以下几个注意事项：首先是采光通风，然后是私密与安全，最后是智能控制，这三个层次逐步递进。做到这些，可以让生活更便捷，居住上获得尽可能多的自在。

3.1.1　采光与通风

不同于一般建筑，住宅建筑需要良好的采光和通风设施满足人体健康的需求。俗话说"万物生长靠太阳"，射入居室的温暖阳光可带来热量，即使外边天寒地冻，有了阳光依然能带来好心情。北极圈冬日漫漫长夜，很多人郁郁寡欢，甚至靠巧克力提升兴奋点，都是因为没有阳光的爱抚。

我国传统民居建筑一贯以采光好作为评价住宅的重要标准。太阳东升西落，我国处于北半球，建筑坐北朝南即可拥有良好的采光。良好的建筑采光有助于住宅节能，在建筑设计规范中，对住宅的采光有具体要求。

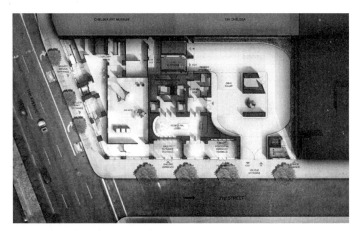

图 3-1-4　采光是住宅质量重要的评价标准

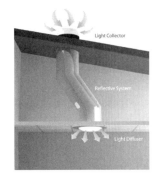

图 3-1-5　导光管技术改善了住宅（地下室）照明效果

图 3-1-6　新风系统可大幅降低 PM2.5 等空气污染

《城市居住区规划设计规范》规定：

（1）老年人居住建筑不应低于冬至日日照 2 小时的标准；

（2）在原设计建筑外增加设施不应使相邻住宅原有日照标准降低；

（3）旧区改建的项目内新建住宅日照标准可酌情降低，但不应低于大寒日日照 1 小时的标准。

如果建筑满足不了基本的采光要求，就要用人工光进行补充，以达到正常的光照强度。对于采光不理想的住宅，导光管是重要的照明补充。还有一些设计，例如在屋内设计假窗户，结合暖色日光灯模拟日光，来影响人们的生理、心理习惯。

通风也是为了满足人体需要。在我国南方，潮湿的环境影响健康，好的通风条件能避免发霉，增加新鲜空气的流通，有益健康。今天，通风问题可以部分被新风系统解决，同时还有 PM2.5 过滤系统，解决空气质量问题。即便如此，人们还是习惯从大自然中获取新鲜洁净的空气。为了加强居室空气质量，空气净化器和制氧设备被很多人选择，慢慢成为一种趋势。

3.1.2　声音处理

虽然我们经常生活在噪声较大的环境中，但是很少有

图 3-1-7　分贝仪是最基本的噪声测量仪器

图 3-1-8　吸音板和软包材料能够有效吸收噪声

人关注噪声对于人体健康的影响。为了防止噪声，著名声学家马大猷教授曾总结和研究了国内外现有各类噪声的危害和标准，提出了三条建议。

（1）为了保护人们的听力和身体健康，噪声的允许值在 75~90 分贝。

（2）为保障交谈和通信联络，环境噪声的允许值在 25~50 分贝。

（3）对于睡眠时间的噪声建议在 35~50 分贝。

心理学界认为，控制噪声环境，除了考虑人的因素之外，还须兼顾经济和技术上的可行性。充分的噪声控制，必须考虑噪声源、传音途径、受音者所组成的整个系统。控制噪声的措施可以针对上述三个部分或其中任何一个部分。

（1）降低声源噪声，或者改变噪声源的运动方式（如用阻尼、隔振等措施降低固体发声体的振动）。

（2）在传音途径上降低噪声，控制噪声的传播，改变声源已经发出的噪声传播途径，如采用吸音、隔音、音屏障、隔振等措施，以及合理规划城市和建筑布局等。

（3）受音者或受音器官的噪声防护，可对受音者或受音器官采取防护措施，如长期职业性噪声暴露的工人可以戴隔音耳塞、耳罩或头盔等护耳器。

在住宅设计中，混凝土和砖墙具有基本的隔音效果，而轻质隔断墙则需要在隔墙中间增加岩棉。公共空间设计中常用的吸音板，也具有吸音效果；影音房设计应该考虑用海绵软包以增强隔音效果；整体吊顶也可以起到隔音效果，这些方式都是降噪的简便方法。同时优质的平开窗结合中空玻璃，也能保证室外噪声不进入室内。

3.1.3　水处理

用水安全是生活中的首要问题，关乎每个家庭成员的身体健康，水处理是今天住宅设计前期考虑的重要问题之一。通常来说，水处理出于两个目的：洗涤和饮用。就洗涤来说，自来水中的矿物质和杂质，无法彻底洗净衣物。而饮水则需要保留有益矿物质，除去有害菌和余氯。因此，

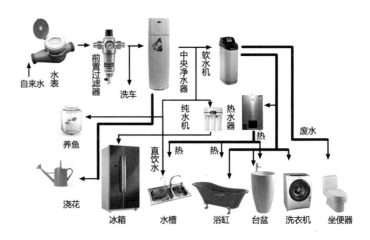

图 3-1-9　水处理系统将自来水处理成饮用洗涤等不同功能

产生了软水和纯净水的概念。

　　所谓软水（soft water）指的是不含或含较少可溶性钙、镁化合物的水，洗衣节省洗涤剂，且衣物蓬松，少留污垢，减少热水器、洁具、管道的维护费。

　　纯净水就是将天然水经过多道工序处理、提纯和净化的水。经过多道工序后的纯净水除去了对人体有害的物质，同时除去了细菌，可以直接饮用。

3.1.4　保温处理

　　保温处理是住宅设计前要考虑的重要环节，也是建造节能环保建筑的要素之一。保温处理首先是建筑保温，即外墙安装保温层，就如同人的脂肪或者给建筑穿上羽绒服，一般都是在建造阶段就考虑到的内容。其次，门窗也是屋内热量散失的关键部位，门窗经过几代发展，逐渐形成断桥铝结合中空（Low-E）玻璃，乃至三层玻璃两层中空的构造，让热量极少散发出去。

　　保温处理的目标是防止散热，产生热量则需要靠发热源，如暖气片、地采暖、燃气采暖、电热采暖等方式。我国现在主流的采暖方式，以地采暖为主，即在水泥地面上铺设反射膜，上面结合热功效铺设水管，再结合陶粒混凝土找平地面，通过分水器进行温度调节。其他方式中，暖

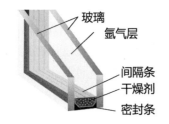

图 3-1-10　Low-E 中空玻璃中间的空气隔层帮助隔热隔音

气片造价较低，燃气采暖不受采暖季限制，电热采暖节省面积，可根据使用习惯进行配置。

3.1.5　智能家居及安防处理

对于生活在 21 世纪的人，建筑智能化是重要的发展趋势。建筑的大脑由计算机芯片和各种交互显示设备控制，互联网成为连接手机和设备的媒介，我们使用的住宅，慢慢会积累出一些符合我们生活习惯的数据，数据积累会让房屋和设备更好地照顾我们。电动窗帘控制采光，安防设备、空调设备、热水器可以远程操控，各种匹配合理的照明方案可以用手机掌控。与此同时，机器人将会被越来越多的家庭使用，技术进步推动价格更加合理，人工智能的机器人管家也不是遥远的未来。

安防保障了居住者的人身安全，对于低层住宅，特别是独栋别墅，是设计要考虑的重中之重。通常设有无死角拍摄的摄像头对整个建筑环境进行监控。同时防盗窗及护栏结合报警装置的设计也能让盗贼知难而退。防盗门不断发展，各种新技术层出不穷，多重防盗锁具及各种升级版钥匙、电子门锁都提高了住宅的安全性。

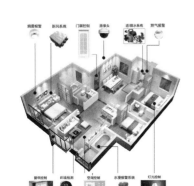

图 3-1-11　智能家居系统体现住宅设计的发展方向

3.2　住宅空间设计的心理学基础及原则

3.2.1　维特鲁威的建筑三原则

维特鲁威的全名是马库斯·维特鲁威·波利奥（Marcus Vitruvius Pollio），他是公元前 1 世纪的罗马工程师，通晓建筑、市政、机械和军工等项技术，先后为凯撒和奥古斯都两代统治者服务过，古罗马御用工程师、建筑师。他根据自身的建筑经验写成论著《建筑十书》，共十篇，并题献给皇帝。

《建筑十书》包罗广泛，从建筑艺术到建筑教育，内容丰富。在著作中，维特鲁威提出了自己重要的观点，即好的建筑需要满足三个原则，即坚固、实用和美观。这三个原则在现代人评价一个建筑或室内设计作品时，仍然是很重要的一种标准。

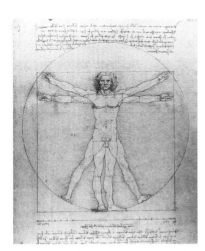

图 3-2-1　莱奥纳多·达·芬奇根据《建筑十书》内容绘制的《维特鲁威人》

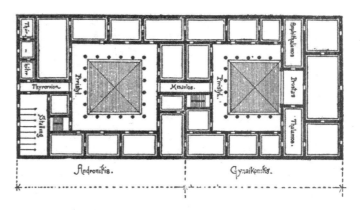

图 3-2-2　维特鲁威研究的希腊建筑平面

图 3-2-3　尖顶木屋有效减少积雪荷载

图 3-2-4　功能主义建筑代表作包豪斯教学楼倡导"功能至上"

坚固反映了构筑物的物理特性，即结构结实，在抵御自身荷载的同时，能够抵御外在的静荷载（如雪）和活荷载（如使用者的体重）。这一标准的内在原理反映了人类改造自然的能力，即科学和技术在建筑中的使用，指出建筑需要满足科学性。

实用则反映了建造房屋的目的性，这种对实用性的考虑，说明了自古至今人类都为提高生活水平做功能上的改进和努力。

美观则反映了不同物质条件下审美情趣的区别，建筑和空间设计中的节奏韵律等美学规律，体现了整体与秩序性。从某种意义上说，美观是衡量一个建筑是否可以被称为建筑的重要标杆，否则只能称这个构筑物为房子。海德格尔还提出"诗意栖居"的观念，让人们对住宅建筑产生更多渴望。

维特鲁威的建筑三原则是评价古典建筑的重要标杆。然而在当今社会，物质经济条件飞速发展，这些原则有些已经出现了突破，例如在美学上，大量作品建构了新的美学观念，但多数原则还是被设计师们奉为金科玉律，不足的是，这些原则是在公元前 1 世纪订立的，在今天，除此之外，设计是否还要满足新的标准和原则呢？

图 3-2-5　建筑师卒姆托的设计传达出美和诗意

图 3-2-6　马斯洛需求层次理论反映
了人群的不同需求

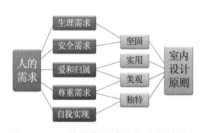

图 3-2-7　独特的设计让室内设计满
足今天大众的需求

3.2.2　马斯洛需求层次理论

马斯洛需求层次理论是美国心理学家亚伯拉罕·马斯洛在《人类激励理论》论文中提出的。将人类需求从低到高按层次分为五种，分别是生理需求、安全需求、爱和归属感需求、尊重需求和自我实现需求。这一理论重点研究了普通人的需求递进关系，从基础的生存保证到最后作为人的自我超越，覆盖了个人发展的全部内容。这一理论对于工业生产、社会生活有着极其重要的影响。

3.2.3　住宅室内设计的原则

结合维特鲁威的建筑三原则和马斯洛层次理论，我们看到旧有的维特鲁威三原则已经不能满足住宅设计的需求，那是因为维特鲁威提出建筑三原则是在古罗马时期，而人类的自我觉醒，即人本主义是在 13 至 16 世纪的文艺复兴运动和 18 世纪的思想启蒙运动下产生的。以人为本、以人为中心的设计思想贯穿了当代设计。因此在住宅空间设计原则上，我们还需增加一个新的原则，那就是与马斯洛层次理论中最高的自我实现需求相对应的独特性原则。

37

独特性原则很好地展示了使用者的个性，内敛或者外向都会反映在空间设计上，与此同时更多地反映在装饰的风格和饰品的搭配上。它是以个人价值观为基础的，反对现代主义清教徒式的室内装饰风格，形成了自己的特色。

3.2.4 住宅室内设计的评价原则

住宅室内设计的评价原则，是在设计原则基础之上的一系列评价标准。针对基础型使用需求，要求设计合理耐用、简单牢固，所考察和评价的重点在造价花费是否精打细算，是否在重点区域投入较多，次要区域适当节省。针对表达爱和归属感需求的美观原则的评价标准是温馨、亲切，能传达家居生活里的人情味儿。针对尊重和自我实现需求的独特性原则的评价标准是，设计方案能体现使用者的个性、爱好、品位和追求。这些评价标准的背后，是设计能否体现人的个人价值、便捷与尽可能自由的设计理念。

设计的评价标准在不同的需求层次上有不同的体现，对于准备外租的住宅或旧房改造项目，评价标准为成本控制和造价合理。对于婚房类小户型设计，评价标准是空间改善，并且要考虑到今后使用的延续性，增强储物能力等。对于中等户型，主要以营造业主喜爱的风格为主要任务，评价标准是体现主人的品位。而大户型或对设计有特别要求、经费充足的人群，评价标准是独一无二的空间体验，设计具有唯一性。

在一般的设计服务过程中，优秀设计师的评价标准是满足对应人群的需要，而卓越设计师的评价标准是，在各种限定下，创造出高于相应评价标准的惊喜，超出预期的设计效果常常让他们的客户感动，获得完美的服务。

图 3-2-8　住宅设计的一般评价标准

3.3 常见住宅空间设计的使用功能

3.3.1 交流与起居

除建筑外檐的造型之外，客厅是一套住宅的面子，它传达了主人的品位和喜好，是一家人交流和接待客人的主要场所。在客厅设计中，让宾客能感受到主人的热情，最

38

图 3-3-1　新中式主义客厅体现主人的品位

图 3-3-2　单身男性的客厅"钢筋铁骨"的格调

图 3-3-3　高亮色调配合毛皮类材质彰显女性柔美

主要的是别具特色。因此，客厅设计可以根据生活在其中的人，进行具体而周到的考虑。

由于客厅的外向型特征，对整体氛围的把握，可以非常自由甚至主观。比如年轻的单身居住者，可以考虑从感受上让客厅更"酷"或者更"甜"。男性化的空间可以用水泥或墙艺漆等材料进行墙面处理，稍微粗犷一些的铁管家具乃至锈板这类工业感材料，也可以推荐用户尝试。在色调上，选用深色调中几种颜色的配搭，灯光处理结合使用习惯，用射灯增强照明氛围。

女性化空间则更加优雅，浅色调配合柔和的照明，墙纸可以衬托女性的柔美，水晶灯的选用，散发出 BlingBling 的光斑，稍用石膏线点缀，就能让整个空间呈现出奢华的气场。

然而多数情况下，不同年龄层的居住者共住的起居模式，就要考虑他人的感受，避免极具个性的风格，需要平衡男女主人甚至老人孩子的审美特性。但重中之重还是结合男女主人喜欢的风格进行规划设计，这时整个空间的设计应该是中性的，避免过于男性化或女性化，色调通常为淡雅的米灰色系，重视功能的丰富，在设计时，各种转角和收口细节都要考虑在内。

图 3-3-4　客厅设计要兼顾一家人的生活需要

图 3-3-5　卧室设计以舒适为中心

图 3-3-6　作为小户型核心的卧室可以拓展成整个住宅

3.3.2　休息与盥洗

　　卧室作为主要的休息空间，是住宅中最重要的部分，睡眠和休息是家的核心功能，粗略算来，占据每天 8 小时睡眠时间的卧室，成为家居空间中使用时间最长的空间，因此，舒适度的满足是当务之急。

　　从某种意义上说，小面积住宅，如一室一厅的空间，基本上是卧室的拓展，为了居住需要，可能客厅的多功能沙发也可以变成临时的床。

　　卧室的设计，应该最大限度满足"懒"的初衷，让空间、电器为人服务，可以借鉴酒店设计的功能进行打造。在床头设计双控开关，躺在床上即可关闭房间所有照明设施，同时为了起夜方便，又不影响他人休息，声光感应地脚灯十分必要，微弱的强度不会在夜间刺眼，只起到引导作用。一张舒适的床是卧室的核心，床垫又是床的核心，弹簧垫、乳胶垫、棕垫多种硬度的床垫任君选择，还有一些功能性床垫，本身可以抬起靠背，满足更多需要，但价格也会更高。

　　按常见的住房比例，卧室面积通常在 $20m^2$ 之内，因此，卧室可发挥的面积不大，主要在墙面、吊顶上考虑深化的可能性。墙面以床头背景墙为主，软包增加温馨感，墙纸可以是女主人精心挑选的，完全满足她的喜好。卧室照明

图 3-3-7　最为私密的卧室装饰选择完全听凭个人喜好

图 3-3-8　床头控制面板体现设计师
周到的考虑

图 3-3-9　卫浴空间便于清洁兼顾美观

应该多分电路来组合控制，避免相互干扰。

在套房设计中，卫浴空间附属于卧室，增强了卧室功能。经过沐浴，一天的疲乏得以消解。在卫浴空间设计中，防滑材料保证了盥洗区的使用安全，石材和瓷砖便于清洁，是首选材料。有些照明灯具结合制暖的功能，避免非供暖季室内的冰冷。卫浴已不再是被置于一个狭小角落的空间，而是可以堂而皇之与其他空间等量齐观的设计重点。卫浴空间中的产品，功能丰富，如可加热的马桶，恒温花洒，防臭防虫地漏，重点区域的照明，都让沐浴如厕成为享受。在住宅设计领域，真正的行家关注卫浴空间不会少于对客厅的重视程度。

3.3.3　烹调与用餐

俗话说民以食为天，这在东西方都有体现。餐厨区设计尽量保持最短距离，减少搬运距离。厨房是整个空间中电器设备最多的部分，特别是西式厨房，开放式附加岛台更延伸了设计空间。

厨房面积不大，但五脏俱全，且包含水、火、电、气四种必备要素，因此需要精心规划。通常来说，橱柜设计融合了刚才讲到的四个要素，是厨房设计最重要的内容。

图 3-3-10　开放式厨房结合岛台增加了烹饪过程的互动性

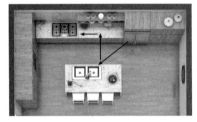

图 3-3-11　储藏—清洗—备料—制作流程合理

图 3-3-12　餐桌椅及边柜的样式决定了整个餐厅风格

橱柜除了烹饪和洗涤功能外，还兼容了电冰箱、微波炉、电烤箱、电蒸箱、洗碗机、净水器、油烟机、燃气灶、洗碗槽、垃圾粉碎机、煤气表，有时还容纳分水器，同时注意给切菜区域增加局部照明设备。虽然纷繁复杂，但给每个设备一个独立的空间，就可以让它们为一家人提供每一餐。厨房的基本流程主要有取出食材（解冻）、洗菜、切菜、炒菜（蒸煮），在电器设备的排布上要尽可能合理，提高效率，同时应该在墙面上留足插座位置，以备不时之需。

厨房中的材料选择一如卫生间，便于擦拭，容易清理。顶棚处理多用集成吊顶，便于局部拆卸，也更好地容纳了照明设备。

餐厅是与厨房互动最多的居室空间，基本由用餐区和储物区组成。餐桌餐椅的风格决定了整个餐厅的面貌，风格需要对应家具选择。选择餐桌时可特别留意多功能餐桌，这些餐桌可以加长和折叠，无论用餐、闲置还是节日招待众多宾朋都能胜任。

对于小型住宅，很多餐厅和客厅是融合的，在照明上，可以强化餐厅区，用虚拟的方式，划分出用餐环境。

图 3-3-13　用餐区的灯具及地毯在大空间中划分出小区域

图 3-3-14　设计师 John Pawson 创作的极少主义住宅

3.3.4　储藏与收纳

生活中，家是慢慢营造的，在"家徒四壁"的房间慢慢添置家具、装饰品、纪念品，很快就会找不到下脚的地方，物质丰富之后，需要我们"断舍离"，不必要的物品可以考虑抛弃或转送他人。

但是仍然有大批废物无法处理，慢慢囤积占据了本来属于人使用的空间，其内在原因主要是建筑师在有限的条件下，只能满足人的需求。对于没有单独储物间的家庭，在选择家具的时候，应该考虑收纳功能，例如床可以选择上翻式，将棉被等换季物品有效储存。推拉门衣柜除了收纳能力强之外，还不占用开门空间，可以与床"亲密接触"。可以在阳台上放置壁柜，将物品高举，进入顶柜收纳。

如果房间高度允许，可以考虑局部设计日式榻榻米，榻榻米储物相当于将一个巨大的柜子放倒，而且蔺草垫下面的格子还便于分门别类地储藏，解决了很多小户型储物难的问题。

图 3-3-15　立体设计的墙体兼具储物、影音功能

图 3-3-16　榻榻米蔺草席下面有很强的收纳功能

图 3-3-17　玄关是居所展示陈列的第
一关（此图由 LSDCASA
公司提供）

3.3.5　展示与享受

展示住宅中的收藏品，可以让居住者充分表达自己的价值观。通常展示区安置在玄关、客厅和书房中。

书房设计传达了主人的品性和情怀，古人说"腹有诗书气自华"，因此书籍必不可少。同时家具选择上，重点考虑朴素淡雅、意味盎然的明式家具，尽量少用雕饰过于复杂的清式家具，绝对不能用臆造的款式。

书房或客厅也可以考虑布置茶室，能够满足接待三五好友，品茗赏物，家具可用兴味盎然的禅椅，很多独立设计师尤爱此道，各种饮茶家具琳琅满目，让柴米油盐的家居生活多了一番清高的禅茶境界。

如使用欧式家具，则重点考虑空间与家具的比例问题，这是因为欧式家具在面积不充裕的书房中，经常挤占交通面积而显得局促。欧式家具选用深木色，扎实厚重的木质结合舒适的靠垫，让主人可以长久地伏案工作。

图 3-3-18　书房陈列书籍和饰品增添了文化气息（此图由 LSDCASA 公司提供）

图 3-3-19　茶叶陈列与品茗成为当代人交流的优雅方式

图 3-3-20　楼梯经过巧妙设计亦可收纳物品

3.3.6　交通与附属

在复式住宅或别墅中，垂直交通的楼梯十分重要，楼梯可以是直跑或旋转的。设计楼梯需要重点考虑踏面与踢面的尺度关系，尽量避免陡峭，同时还要兼顾横梁与头部空间的尺寸。楼梯风格要符合住宅空间的整体要求，钢结构和玻璃护栏结合的楼梯具有工业感和现代感，木质楼梯则更加古朴。

多层别墅可以考虑设计电梯作为楼梯的补充，有条件情况下，家用电梯尽量考虑便于轮椅乃至急救设施的进入。

图 3-3-21 地下室作为酒窖环境非常
适合

对于别墅等大型住宅，附属了很多其他空间，地下室可以大量储物，休闲娱乐也常常纳入其中。地下室需要重视防潮，有条件可以进行通风设计。冬暖夏凉的地下室，还具有良好的隔音效果，因此常常被做成影音空间，但仍然需要增加软包等隔音措施。恒温性好的地下室可以考虑做酒窖，结合品尝区，成为住宅的亮点。

对于别墅而言，常常附带院落的规划，因此室内设计师同时还要具备建筑外檐改造经验和庭院整合能力，对于各种材料的熟悉，让设计师能够掌控全部设计环节，形成统一风格，更好为客户服务。

图 3-3-22 庭院是别墅室内空间的延展

3.4 住宅空间分析方法

作为设计师，应该掌握一系列分析空间的技巧，熟悉空间功能之后，如何有机安排它们之间的关系，让住宅的利用率得到最高体现的同时兼顾美学欣赏习惯，是每个设计系学生的必修课。

3.4.1 空间轴线

轴线的概念源于建筑设计，空间之间隐约的关系，可以被轴线串接起来，形成相互呼应、彼此连通的功能空间。

图 3-4-1　动线设计的优化让空间使用合理便捷

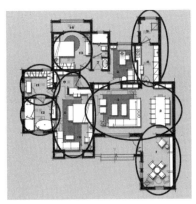

图 3-4-2　泡泡图便于动线逻辑研究，避免思维僵化

图 3-4-3　巨幅绘画和灯具构成空间中的视觉中心

将主次空间置于一条轴线上，在欧式和中式风格中都重视对称性，轴线尤为重要。现代风格的空间，对称性被弱化，但仍有轴线进行审美控制。客厅和餐厅之间就有轴线隐含串联，帮助设计师分析二者之间的相对关系，照应材质或色彩。

3.4.2　功能动线

动线设计基于对空间功能的了解。主要空间都集中在主通道上，各种空间相互串联，就形成居室的整体效果。动线是分析空间连接的手段，在大型住宅空间规划中尤其重要，这是因为很多空间的功能可以相互调换，从一个空间转到另外空间，可以依据空间特性合并同类项。

住宅中功能空间是组团化的：例如卧室结合卫浴形成套房，开放式厨房结合餐厅形成餐饮区，客厅结合茶室形成起居区，等等。因此想到一个空间，应该顺带联想其他可以串联的空间，优化整合成不同平面布局。在整合时，可以考虑使用泡泡图进行初步功能设计，同时考虑各个区域的朝向及家具摆设位置。

3.4.3　视觉中心

视觉中心是住宅空间的点睛之笔，聪明的设计师不会将预算平均分配，在每个空间中等量投放，而是在一个空间中的某面墙上有重点考虑。视觉中心就是营造重点，其余装饰均为烘托主景进行配搭。在视觉中心上投放的预算会产生回报，同时几个视觉中心串联出整个住宅的节奏感，如同一首曲子的几个重音和主旋律，让人过目难忘。

视觉中心可以让人忽视其他墙面，有增大空间的视觉效应。在一套住宅中，主要的视觉中心由玄关、电视墙、沙发背景墙、个性化灯具、岛台或餐边柜等串联出节奏感。卧室相对独立，视觉中心主要体现在床头背景上，其余空间各有自己的一面墙进行重点装饰。

对于国人，电视是必备之物，看电视不是必然要素，但需要电视的声音陪伴，这在很多年轻人中都是一种习惯。因此电视墙是整个住宅的视觉中心。这如同西方的壁炉，

图 3-4-4　沙发背景墙现代浮雕表达
　　　　　国画意境

图 3-4-5　壁炉能够聚拢人气成为住宅的焦点

图 3-4-6　电视墙结合陈列铺满整个墙壁

特别是在冬季，壁炉提供了温暖，让家人聚集于此，这与古时生一团篝火很像，是一种承袭下来的生活习惯。美化电视墙和壁炉区，都是重要的设计内容。

3.4.4　拆分与叠加

研究他人的成功案例，有助于我们提高自身水平和设计素养。任何设计都是通过不同层级的匹配叠加得以实现

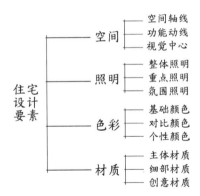

图 3-4-7 项目可以拆分成要素加以
研究分析

图 3-4-8 优秀设计的重要标准是元
素的内在联系

的，如果反推设计案例的结果，可以将每个案例拆分成不同设计要素进行分析，再组合就可学到新的设计方法。

具体来说，一个住宅项目可以从几个维度进行分析。首先是空间分析，运用轴线和动线可以组织空间，反过来亦可找到隐含在各个空间中的轴线、视角、动线，通过这些就能够把握设计者原初的意图。其次是照明设计，照明设计勾勒出每个空间，人工照明起到调节氛围的作用。把一个案例拆分来看，照明手法一目了然，也就可以从中学到经验。再次是材料的运用，在住宅设计中，运用的材料相对有限，熟悉这些材料能够迅速把握设计风格。最后是色彩，住宅的色彩使用相对保守，比工程案例更有节制，研究配色，可以让设计师以最简单的方式打造空间的特色。

此外还有非常重要的一点，就是陈设搭配，在某种意义上，住宅的室内设计只完成了让房子成为家的一半工作，也就是说，仅仅是顶地墙等界面设计，加之功能性设施如橱柜和卫浴设备，只能达到精装修的水准。对于生活，需要结合客户的个性，进行深入研究，找到其喜好的风格和生活样式。很多时候，设计不一定是从硬装修做起的，而应该从内部陈设找到灵感和线索，逐步完成对空间的整体规划。

任何设计都是元素叠加出来的成果，设计大师的主要工作在于突破原有的界限，让空间呈现出新的感受，经由对元素的分析和拆解，可以让初学者找到设计规律，尽快进化为成熟的设计师。拆解与叠加两种方法互为逆运算，拆解如同分析法，通过对多个作品的拆解比较，能够总结出某个设计师或某类项目的设计规则，这些规则让我们从哲学角度更深入地理解设计，对于形成自己的设计哲学或让自己的作品用独特的基因一以贯之，是最简单有效的工作方法。

3.5 住宅设计的维度

住宅设计入门不难，经过学习和实践，很容易入手成为熟练掌握设计方法的设计师，然而，如果想成为优秀的

图 3-5-1　设计大师通过实践建立自身设计哲学

图 3-5-2　有了门窗就形成了房子

图 3-5-3　密斯作品范斯沃斯住宅自建造之初就存在功能缺陷

设计师，则需要日积月累不断磨砺自己，总结规律，提高艺术修养，从大量实践中总结出一个人的设计哲学。

研究设计案例的最大好处是通过模仿逐渐形成自己的观念，避免陷入抄袭和拼贴的"捷径"。一般而言，住宅设计具有以下几个维度：空间、照明、材料、色彩。下面分别展开介绍。

3.5.1 空间感受

设计住宅某种意义上就是设计空间，空间本身由建筑构件围合而成。如老子说的"凿户牖以为室，当其无，有室之用"，意思是说，装上门窗让方盒子成为居室，因为内部中空，才有了居室的功能，这里说的就是空间。

住宅室内空间不同于一般的建筑空间，有其自身特点，需要我们了解。首先，私密性是最重要的，即使是建筑大师密斯·凡·德·罗设计的某些住宅，由于大面积使用了落地玻璃窗，只追求现代感而忽略了私密需求，因此备受诟病。在我们的日常设计中，客厅是与外界联系最多的空间，由于私密性的要求，多数住宅希望设置玄关、屏风或采用其他手段，避免外人窥探居室内部。

其次，空间的尺度感应该与人体和谐，太过空旷的空间让人在房间内缺少安全感，而过于局促则产生压抑心理。怡人的比例让生活在其中的人得到身心放松，这与人机工学的知识分不开，需要很好地了解人体尺度。除了物理尺度，心理尺度也很重要，例如社交距离等，这属于设计心理学，也是应该密切关注的。根据不同的空间尺度，住宅可以分为微型住宅、小户型、标准户型、大户型等。小户型需要复合使用空间，一个空间既是客厅，也可作为餐厅、书房甚至卧室使用。标准户型各自的空间独立，只要关注空间之间的联系即可。大户型常见的共享空间，成为最豁亮的空间，其贯穿的楼层相互之间产生了交流。

第三，空间的多意性。在住宅中，设计师给很多空间分配了功能，而其实在实践中，居住者使用空间的时候是多意的。例如客厅沙发区，很多家庭用来用餐，因为可以边用餐边看电视，这是一种生活习惯，有趣的是餐桌成了

图 3-5-4　小户型中客厅、餐厅、书房都被整合到一个空间内

图 3-5-5　用藤材构成床和沙发模糊
了功能空间的边界

图 3-5-6　大空间更具外向特性

摆设。今天流行的沙发客，可以提供自家的沙发给来旅行的网友作为临时卧室，这也是很普遍的。很多灰空间没有被具体定义，例如屋檐下方，可以饮茶甚至望风景发呆，这些都是房间功能的一部分，但没有明确规定。这些复合使用的空间，让家具有更多变数，提供的生活方式更独特也更自然。

在居室设计中，大空间传递的是奢华，而小空间传递的是安适，奢华不一定强过安适，各种空间感受相互补充。外向型空间多奢华，内向型空间多安适，将其合理分配考验着设计师的能力。

3.5.2　照明语汇

自然采光是建筑不可改变的要素，纬度、朝向、层高、开窗面积、建筑间相互遮挡都影响自然采光，这里不做重点研究。设计师用一些改善方式，对自然采光进行优化、微调，例如在进光的窗口下设置石材台面，反光度高的材料把光反射到顶棚上，增加室内照度；地面用材选用高反光度的浅色地砖或木地板，也可以增加光效反射能力。

人工照明可以分为几种类型，下面分别介绍。

第一类：主照明。主照明是空间中的主要照明设施，通常为吊灯、吸顶灯，各种造型和风格可满足不同住宅的

图 3-5-7　白色调公寓充满空间感

图 3-5-8　单头或多头灯具照射区域
　　　　　　不同

图 3-5-9　阅读烹饪都需要加强照明
　　　　　　设计

需要。主照明是一种基础照明，满足基本需求。在选择主灯时，应该注意它与房间的比例，就吊灯来说，客厅使用8头灯具，卧室使用6头灯具，在共享空间则选择20头左右的多层灯具。灯伞的使用让光源有了方向，提供了不同方向的不同照度，人工光由此有了品质感。

除了一般的吊灯外，补充性主照明主要为筒灯，包括明装和暗装两种，经常使用的暗装筒灯与天花板无缝连接，负责将墙面照亮，丰富照明层次。

第二类：重点照明。重点照明也被称为工作照明。在主光源基础上，叠加工作照明，加强的灯光便于完成诸如读写、清洁、烹调、搜寻等内容。重点照明灯具包括台灯、落地灯、橱柜下方壁灯、镜前灯等。选用这些灯具，应该注意风格与整体设计相配搭，避免突兀。台灯和落地灯这类灯具造型多变，是陈设设计的一部分。古铜配绿色的复古灯罩，仿佛回到了民国时代。

第三类：氛围照明。氛围照明丰富了空间的气质，可以传递浪漫、柔和的情调。主要的氛围照明灯具为射灯，灯杯产生的光斑变化丰富，连续使用的射灯制造出墙面的亮与暗的节奏感。其他氛围照明灯具包括可调节颜色的灯具，其发出的有色光让墙面颜色受到影响，可改变空间的色调，传达出活泼与柔美。氛围照明中的点光源类有很多，

图 3-5-10　儿童房的照明充满童趣

图 3-5-11　地脚灯是居家常用的补充
照明

图 3-5-12　感应灯带的设计照顾到生
活细节

装饰感非常强的造型改变了空间的单调，在儿童房，氛围照明尤为重要，可爱的壁灯或星光幕布般的顶棚，都让房间充满戏剧性。

第四类：补充照明。虽然补充照明的灯具不常使用，但其人性化的设置提高了生活品质。例如声光感应的夜灯、拉开橱柜就点亮灯带、橱柜内部的小射灯等，周到的细节考虑是设计成熟的体现。

除了了解照明层次及其叠加方式之外，还要学会用想象去处理照明，因为光是灵动和感性的。从感受上来看，光可以分为面光源、线光源和点光源。

面光源通过漫射平铺在空间中，以主光源或背光灯片形式模拟室外光。面光源的主要材料是软膜天花材料，可以制造异型照明设备。

线光源又称为灯带，在居室设计中必不可少，漫射出来的光均匀减淡，无刺眼眩光，因此也被称为洗墙灯。线光源具有引导效果，也可以柔和空间照明中墙面与顶面的转角，具有隐藏空调出风口的功能。

点光源使用较少，烛光增添了用餐时的仪式感，心情会随着火烛的跳动起伏，从远古时代的篝火化简来的神秘感最善于制造浪漫氛围。各种节日串灯，闪烁着如恒星般

图 3-5-13　浪漫的点光源丰富了照明语汇

的明灭，给人遥远宇宙的遐想。

熟悉点线面光的照明语汇，是设计师必须掌握的，从而将一个呆板空间变成温馨浪漫的家。

3.5.3 材料触感

材料是空间的衣服，变化丰富的材料让空间产生各种各样的面貌。了解材料触感，熟悉并完美匹配设计风格是选材的首要原则。通常而言，材料在感受上分为两大类，粗犷的天然材料和细腻的工业材料。在设计传统中，细腻的材料如华丽的墙纸、光滑的大理石、温和的木地板都是主材的首选。

图 3-5-14 鹅卵石墙面具有丰富的自
然感受

随着审美领域的扩展，对材料的使用也更为宽泛，粗犷的天然材料，让很多居住者乐于尝试。例如清水混凝土，是美国建筑师路易斯·康和日本建筑师安藤忠雄的最爱。粗糙的材料经过精细处理，也可以达成别具风格的素雅，与之完美搭配的是原木，二者相得益彰，改变了住宅设计一贯的滑腻感受。

工业美学从商业设计蔓延到居室设计，很多家庭乐于尝试粗犷的铁艺、水管组成的壁灯这样造型感很"硬"的装饰物，继承了钢铁时代的热度。随着复古风格的流行，混凝土拼花地砖、硅藻泥、水磨石这些"土气"的材料，

图 3-5-15 清水混凝土与原木的运用体现了粗材细作

图 3-5-16　手工复古水泥砖成为很多文艺系住宅的新宠

图 3-5-17　爵士白大理石的天然纹理
　　　　　透出精致

成为都市小资们的新宠，表达了他们内心的文艺情怀。

　　简单来说，材料分为两种：基础材料和美化材料。基础材料包括大理石、木地板、瓷砖、大芯板、石膏板等。美化材料包括墙纸、软包、装饰线条、木作造型等。

　　在进行材料规划时，首先要了解材料特性。以大理石为例，它不同于花岗岩，是一种脆性材料，很多大理石需要在背面加上钢筋才不会碎裂。大理石可以用干挂和湿贴方式装饰到空间中，再经过结晶处理、弥合缝隙让表面形成统一的优美纹理。

　　木地板是最天然的装饰材料，温暖的材质传递着亲密性。木地板种类很多，分为复合、实木以及实木复合三类。复合地板以高密度板为基层，表面贴上花纹层和耐磨层，颜色变化丰富，但感觉比较生硬，复合的方式使其带有微量甲醛。实木复合地板是以多层板为基层，表面饰面为实木皮，纹理自然，价格比纯实木地板便宜，脚感优于复合

图 3-5-18　人字拼铺装给木地板平添了优雅

地板。实木地板是最高级的类型，直接取自树木，纹理自然优美，但花样不多价格昂贵。木地板的铺贴方式多种多样，有直铺、人字拼、拼花铺贴，不同的铺贴方式需要选用不同的地板种类，由于难度不同，费用也逐渐升高。

瓷砖是最主要的装饰材料，分为陶和瓷两大类。陶土砖粗犷，可以模仿砖石等室外用材料。瓷砖细腻、光滑、耐磨、好维护，日常用量很大，经过技术变革，瓷砖可以惟妙惟肖地模仿大理石，同时不怕油污的侵害。瓷砖如大理石一样可以通过水刀加工成各种花纹，拼花造型在欧式风格中起到画龙点睛的作用。

图 3-5-19　渐变色瓷砖的铺装效果变化丰富

墙纸作为美化型材料，大面积地使用有助于营造风格，较之于乳胶漆的优势在于便于清洁，可用潮湿毛巾清理。墙纸的种类可分为纯纸、PVC、刺绣等。经过精心的设计，墙纸可以通过腰线、顶线对墙面进行分割以丰富效果。近年来流行的荧光类墙纸，夜间还可发光，运用在儿童房中充满童趣。

软包除了美化作用外，还具有吸音效果，通常用在影音房中。因为饰面材质的多样性，软包的"表情"变化多样，

图 3-5-20　复古墙纸有助于营造乡村生活的朴素

图 3-5-21　软包也可直接作为床靠背

真皮、PU、绒布都可以作为软包饰面。造型上，软包通常将墙面造型分成几块格子，正方形、长方形、菱形以及各种其他花样的细分，美化了单调的墙面。

装饰线条结合木作造型，是丰富墙面的重要手段。装饰线条根据纹样不同可分为中式和欧式，点缀在住宅空间，从细部营造风格。木作造型通过高度定制化可以就墙面的具体情况进行优化设计，通过合理设计，以隐形门的方案解决了诸如电视墙上开卧室门的问题。

3.5.4　色彩感觉

颜色产业是工业，不同年代的流行色，隐含着社会、经济诸多因素。经济繁荣时鲜艳的颜色受到追捧，经济衰退时流行色就趋于淡雅，这成了一般的规律。提到用色，必须与照明结合使用，单纯的颜色最后呈现的效果受光源显色性等因素影响很大，即使在同一个房间，转角处的两个墙面也呈现深浅和冷暖不同的颜色。

颜色是重要的视觉要素，大面积使用的颜色让人过目难忘。住宅设计常用的颜色为米色系和灰色系。这两个色系淡雅百搭，作为初级设计师，这两个色系是背景处理最保险的颜色。

色彩具有冷暖的特性，用色需要与房间朝向匹配，阳面的空间使用冷灰色系可以平衡燥热的夏日阳光，阴面的空间建议选择暖灰色系，亚麻、浅驼色都能弥补阳光不足的缺憾。

色彩还有纯度的特性，对于某些墙面，可以选择更加鲜明的色彩。在卧室，为了营造南亚巴厘岛风情，鲜艳的浅桃红也未尝不可。有些追求极致的屋主会选择黑白配这样的极致颜色，体现对北欧生活的向往，原木色则增添了空间中的人情味。在餐厅，橙色仿佛增加了味蕾的感受力，充满食欲的颜色让空间平添用餐的愉悦。

用色的一般原则是，大面积灰色系打底铺陈色调，中等面积的对比色做衬托，小面积的鲜艳色彩做点缀，根据比例的不同，从三个角度丰富色彩的层次。

颜色的感受不只体现在乳胶漆上，墙纸也有色彩倾向，甚至大面积的窗帘软布艺也包含了大量色彩信息，因此需要结合材料选择来进行色彩规划。

我们可以从很多网站搜寻到关于色彩的信息，例如潘通（Pantone）就每年发布流行色，第一时间赶上潮流以便在设计实践中拔得头筹。

第4章 住宅设计人机工程学

人机工程学是一门研究人生理和心理的学科，能够帮助住宅设计师解决住宅设计中要求的尺度问题。以往居住者依据个人经验来确定使用尺度，而今天我们运用系统的知识把握住宅空间的物质和心理层面。住宅的空间与居住者的活动密切相关，因此设计师务必要对人机工程学有一个充分、清晰、科学的了解。

4.1 人机工程学的概念

人机工程学是研究人、机、环境系统中三要素之间的关系，为解决系统中人的舒适、健康、效能问题提供理论与方法的科学。人机工程学不是孤立地研究人、机、环境三个要素，它是一个相互作用、相互依存、紧密联系的系统。

4.1.1 人机工程学三要素

（1）人，指系统中的作业者或者使用者，包括人的心理特征、生理特征以及人适应机器和环境的能力。系统中以人为中心，研究作为自然人的人体形态特征、人的感知特性和反应特性等，研究作为社会人的社会行为、价值观念和人文环境等。

人的舒适强调的是人在系统中生理与心理均达到安乐、舒服，如住宅中合理的空间设计、家具设施、空气、光照、色彩和盆栽植物等带给人的舒适感。人的健康在人机工程学中指人在系统中身心健康和安全，它研究影响人的生理健康和心理健康的因素，避免造成生理损伤和心理干扰、损害，引起应激反应等，如住宅中的噪声、眩光问题等。而人的效能指人在系统中的作业效能，完成某项工作时的效率，体现在居住过程中即各种操作的便捷性。

（2）机，指机器，包括系统中人操作和使用的一切产品和工程系统，其解决人使用的机械如何适应人的使用等问题。住宅中涉及因素主要有家具、电器设施和生活用具等。

（3）环境，指系统中人生活时接触的环境。物理、化学、生物等环境因素影响人的工作、生活。环境监测和控制有助于解决如何使环境适应人的使用和居住问题。其主要研究普通环境如住宅中的光线、声音、温度、湿度控制等。

人机工程学是介于基础科学和工程技术之间的一门技术科学，强调理论与实践的结合，重视科学与技术的全面发展，而在实践中则反映为人的感受。

4.1.2 人机工程学的历史

人机工程学源于欧洲，形成发展于美国。在欧洲称其为 ergonomics，由两个希腊词根组成。"ergo" 的意思是"出力、工作"，"nomics" 含有"规律、法则"的意思。因此，ergonomics 的含义就是"人出力的规律"或"人工作的规律"，也就是说，这门学科研究人在生产或生活操作过程中合理地、适度地劳动和用力的规律。

在美国，人机工程学（Human Engineering）是一门研究人与机械及环境关系的学说，是一门多学科交叉形成的边缘学科，涉及生理学、心理学、医学、人体测量学、美学、工程技术、社会学和管理学等多个领域，现已成为艺术设计和工程设计领域的设计基础学科之一。研究的目的是通过各学科知识的应用，来指导生产或生活器具、方式和环境的设计和改造，使得生产或生活在舒适、效率、安全、健康等方面的特性得以提升。

人类社会的发展促成人机工程学的产生，从而使人类通过不断改进生产效能提高工作及生活质量，到 20 世纪 40 年代人机工程学成为独立学科。在第二次世界大战期间，军事科学技术开始运用人机工程学的原理和方法，例如：

坦克、飞机的内舱设计使人在舱内能有效地操作和战斗，在小空间内减少疲劳等。

二战后各国把人机工程学的体制和研究成果迅速运用到空间技术、工业生产、建筑设计、室内设计及生活用品等中去。如住宅设计时，使住宅适应人的生活活动需要，提高住宅环境质量，从而将人机工程学渗透其中。

为了使住宅极具人性化并适应人的行为和使用，1984年我国正式对人体尺寸进行测量和统计，2009年我国第二次进行全国性的人体测量工作。及至当今仍强调以人为本，设计从人自身出发，在以人为主体的前提下研究人们的衣、食、住、行以及一切生活、生产活动。

4.1.3　人机工程学的价值

人机工程学是住宅设计不可缺少的基础之一。人在生活中总是使用某些物质设施，由这些构成人生活、工作的工具和空间环境。从人机工程学的角度看，人的生活质量和效能在相当大的程度上取决于这些生活设施是否适合人类的行为习惯和身体方面的特征。

从住宅的角度看，人机工程学的主要功能在于通过对生理和心理的正确认识，根据人的体能结构、心理形态和活动需要等综合因素，运用科学的方法，通过合理的住宅空间和家具设施的设计等，使住宅环境因素适应人生活活动的需要，进而达到提高住宅环境质量的目的。

人机工程学为住宅设计确定空间范围提供依据，影响空间范围的因素主要有人体尺寸、人体的活动范围以及家具设备的数量和尺寸。在确定空间范围时，先要准确测定人在立、坐、卧时的尺寸；再测定人在使用各种家具、设备和从事各种活动时所需空间范围的面积、体积和高度，同时还需要清楚使用这个空间的人数。

人机工程学为住宅家具设计提供依据，家具的主要功能是使用，住宅中无论是人体家具还是贮藏家具都要满足使用要求。桌子、椅子和床等人体家具要让人书写和就餐方便、坐着舒服、睡得香甜、安全可靠、减少疲劳感。柜、橱、架等贮藏家具要适合各种衣物的尺寸，并便于存取。

图 4-1-1 人机工程学是住宅设计的
基础

为满足上述使用要求，设计家具时须以人机工程学作为指导，使家具符合人体的基本尺寸和人体的各种活动尺寸。

人机工程学为人的感官对住宅环境的适应能力提供依据，例如人的感官在何种情况下能感觉到事物，何种事物可接受，何种不可接受。人机工程学既研究一般规律，又研究不同年龄、不同性别的居住者感觉能力的差异，找出其中规律，为确定住宅环境的各种条件，如色彩配置、景物布局、温度、湿度、光学要求、声学要求等提供依据。

4.2 住宅设计与人的活动

4.2.1 住宅设计与人体尺寸

住宅环境在空间尺度上主要涉及人体尺寸和人体活动空间问题。人们在住宅中使用的各种设施与我们身体的特征和尺寸有关，如空间的大小、形状，椅子、桌子、床、柜子等的尺寸。人的舒适度、身体的健康和作业效能在很大程度上与这些设施和人体的配合有关。

人体尺寸可通过测量获得，以人体测量学作为依据。人体测量学是通过测量人体各部分尺寸来确定个人之间和群体之间在尺寸上的差别的科学。这门新兴科学具有古老的渊源，公元前 1 世纪，罗马建筑师维特鲁威从建筑学角度对人体尺寸进行了比较完整的论述。就希腊神庙设计，他说："他们收集了人体各部位的比例尺寸，这些尺度是建筑设计必需的，如手指、手掌、足、肘部的尺寸。"

1870 年比利时数学家 Quitlet 发表了《人体测量学》一书并创建了这一学科。学科初期主要为人类学分类及美学和生理学研究使用，后随着工业化社会发展直至今日，我们把人体测量学应用到建筑室内外环境设计中以提高人工环境质量。

住宅设计中使用的人体测量数据要进行大量的调查，需要对不同背景的个体和群体进行细致的测量和分析，得到他们的特征尺寸、人体差异和尺寸分布的规律。我国1962 年建筑科学研究院发表的《人体尺度的研究》中，有关我国人体的测量值，可以作为住宅设计时的参考。

编号	部 位	较高人体地区 （冀、鲁、辽）		中等人体地区 （长江三角洲）		较低人体地区 （四川）	
		男	女	男	女	男	女
A	人体高度	1690	1580	1670	1560	1630	1530
B	肩宽度	420	387	415	397	414	386
C	肩峰至头顶高度	293	285	291	282	285	269
D	正立时眼的高度	1573	1474	1547	1443	1512	1420
E	正坐时眼的高度	1203	1140	1181	1110	1144	1078
F	胸廓前后径	200	200	201	203	205	220
G	上臂长度	308	291	310	293	307	289
H	前臂长度	238	220	238	220	245	220
I	手长度	196	184	192	178	190	178
J	肩峰高度	1397	1295	1379	1278	1345	1261
K	½（上肢展开全长）	867	705	843	787	848	791
L	人体高度	600	561	586	546	565	524
M	臀部宽度	307	307	309	319	311	320
N	肚脐高度	992	948	983	925	980	920
O	指尖至地面高度	633	612	616	590	606	575
P	上腿长度	415	395	409	379	403	378
Q	下腿长度	397	373	392	369	301	365
R	脚高度	68	63	68	67	67	65
S	坐高、头顶高	893	846	877	825	850	793
T	腓骨头的高度	414	390	409	382	402	382
U	大腿水平长度	450	435	445	425	443	422
V	肘下尺寸	243	240	239	230	220	216

图 4-2-1 人体尺度测量表

　　人体尺寸包括构造尺寸和功能尺寸。人体构造尺寸指静态的人体尺寸，是人体处于固定的标准状态下测量的，如手臂长度、身高、坐高等。

　　功能尺寸指动态的人体尺寸，是人在进行某种功能活动时肢体所能达到的空间范围，是由关节的活动、转动所产生的角度与肢体的长度协调产生的范围尺寸，用于解决空间范围和位置等问题。在住宅设计中，功能尺寸应用更广泛。人总是在运动着，人体结构活动可变，人体各部分协作运动。因此，在考虑人体尺寸时只参照结构尺寸不行，还要考虑人的运动能力，用于解决有关空间和尺寸的问题。

　　在住宅设计中最有用的十项人体尺寸是身高、体重、坐高、臀部至膝盖长度、臀部的宽度、膝盖高度、膝弯高度、大腿厚度、臀部至膝弯长度、肘间宽度。

人体尺寸会受种族、世代、地域、年龄、性别、人体比例、残疾人等因素影响。无障碍设计关注残疾人的生理需要，而老年人因身体功能退化使行为能力受限，也需借助无障碍设施。

大部分人体测量数据是按百分位表达的，百分位表示具有某一人体尺寸和小于该尺寸的人占统计对象总人数的百分比。将研究对象分成100份，将人体尺寸项目从小到大排列并分段，每段截止点即是一个百分位。住宅设计中经常采用第5和第95百分位，因它们概括了90%的大多数人的人体尺寸范围，符合适应大多数人的需要的设计原则。

住宅设计中使用百分位的建议如下：由人体总高度、宽度决定的物体，如门、通道、床等，其尺寸应以95百分位的数值为依据，能满足大个子的需要，小个子自然可以。由人体某一部分决定的物体，如柜、架等，其尺寸应以第5百分位为依据，小个子够得着，大个子自然没问题。

在选定最佳范围时，如门铃、插座、电源开关等，应以第50百分位为依据，适用"平均"值。在特殊情况下，如安全出口、应急通道等，为保证安全，避免造成危险，应以99百分位为准。这些建议只是表明人体尺寸百分位的适用范围，实际设计中应考虑适合的人越多越好。

住宅设计中，在某些情况下，我们会选择可调节的做法，以扩大适用空间范围，并使使用变得更合理和理想。如用可伸缩、升降的隔板装置等，使小空间调节变化具备多种功能。不仅满足最基本的功能需求，还应尽可能提高居住环境质量，创建舒适、健康、高效的住宅环境。

4.2.2 住宅环境中人体活动的因素

在住宅中那些与人们的活动有关的空间位置，被称为行为环境，如会客环境、阅读环境、睡眠环境等，住宅空间是由许多不同的行为环境构成的。影响行为环境空间大小、形状的主要因素是人体活动范围、动作特性和体能极限以及与其相关的家具设施。在确定住宅空间范围时，须清楚人的特定行为活动需要多大的活动面积，有哪些相关

图4-2-2　住宅中可调节隔板装置

的家具设施以及占用面积、高度和体积。

住宅设计中一般建筑的空间高度是固定的，因此更多地考虑人体活动空间的平面空间尺寸。人体活动空间是由人体活动的生理因素决定的，称为生理空间，包括人体空间、家具空间、人和物的活动空间。

人体活动空间可分为两类。一类是人体处于静态时的肢体活动范围。人的肢体围绕躯干做各种动作所划出的限定范围即是肢体的活动范围，它由肢体活动角度和肢体长度组成，是人在某种姿态下肢体所触及的空间范围，用来解决人在各种行为环境中的空间位置问题，如用肢体的活动角度确定视野的角度，用肢体的活动范围确定操作台空间范围等。

我们把人的姿态归纳为站、坐、跪和躺四种，用于界定空间范围和领域。无论何种姿态，人在空间范围内做何种动作，都形成左右水平面和上下垂直面动作区域，其边界是手脚能达到的范围，合理设计可以避免引起躯体的弯曲扭动，提高操作精度。

水平域是人在台面上手臂左右运动形成的轨迹范围，手臂自然放松运动形成普通区域，手尽量外伸形成最大区域，如书写、料理、就餐等手活动频繁区域。从属于这些活动的器物应放置在最大活动区域内。如通常手臂的活动范围，桌子的深度 400 mm 就够，加之摆放用具实际桌子尺寸会大很多。

垂直域是手臂伸直，以肩关节为轴做上下运动形成的轨迹范围。决定人手臂触及的范围，如书架、吊柜、门拉手等。设计应以身材较小的人为依据，以第5百分位的尺寸为准。手举起时达到的高度为摸高，是设计各种柜架、扶手和控制装置的主要依据，柜架经常使用的部分应设计在此范围内，还要考虑手拿物品或操作时需要眼睛的指引。人取物品时，毫不费力伸手就能拿到最为方便，如门拉手，一般家庭用 800~900 mm 比较适用，可分别装置供成人和儿童使用。

另一类是人体处于动态时的全身活动空间，是人体在不同位置的动作空间总和。生活中人总在变换姿态，并随活动的需要移动位置，这种姿态的变换和人体移动所占用的空间构成了人体活动空间。人体的活动空间会大于肢体的活动范围，其对住宅空间设计作用显著。

人体活动大致可分为手足活动、姿态的变换和人体的移动，这些同时构成人体的活动空间。人体活动时的基本姿态可归纳为立位、坐位、跪位和卧位。人做一定姿态时会占用一定空间，我们需要了解人在一定的姿态时手足活动空间的大小。人体移动占用空间需要考虑人体本身占用的空间，还应考虑连续运动过程中由于运动所必需的肢体摆动或身体回旋余地所需空间。

另外，还有人与活动物体的空间关系，如用具、家具、建筑构件等。人与物占用的空间大小由其活动方式及相互影响方式决定，如人使用家具时，使用过程中的操作动作或部件移动都会使家具产生额外空间需要。另外有些生活用品由于使用方式的原因使人必须以一定空间位置来使用，如视听音响设备等。这些因素都会产生除人体与家

图4-2-3　行为环境（会客环境、阅读环境、睡眠环境）

具设备之外的空间需求。

人体活动在不同的状态下会有不同，人体测量中对测值分级设置，一般可分轻松值、正常值、极限值，分别适用于不同环境。动作方式、姿态持续时间、用具、服装、民族习惯、触及最佳位置等是影响人体活动空间的因素。

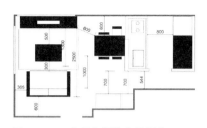

图 4-2-4　家具之间的空间距离

4.2.3　住宅常用人体活动尺寸

走道即通过宽度的基本尺寸，保证最低限度的通行宽度，以便于空间的利用。另外，经常使用的与需要非常方便到达的区域需要在标准的基础上适当拓宽，以确保动线流畅贯通，使用便利。一个人通过的标准尺寸是 600mm，两个人同时通过则为 900~1200mm。

1. 餐厅、客厅

（1）沙发与电视柜：距离 2500mm 以上，距离太近会影响视线，可结合房间内的实际宽度调整到合适的距离。

（2）家具之间的通道：距离 600mm 以上，常用主通道或是有需要搬运东西的通道需留有 800mm 以上的空间。

（3）电视屏幕与视点：距离 1300mm 以上，一般电视越大距离越大。40 英寸的屏幕，距离 2m 左右为佳，55 英寸为 2.6m 左右为佳。

（4）沙发与茶几：距离 300mm 以上，400mm 以上能放松脚，空间不局促。

（5）椅子周边：距离 600mm 以上。

（6）椅子与通道：椅子加通道的距离 1000mm 以上。

（7）厨房橱柜前部空间：距离 800mm 以上。

（8）茶几与电视柜：距离 500mm 以上，便于操作电视柜中的各种影音器械。另外，考虑人能够横着通过的最小宽度大约 300mm。

2. 卧室

（1）出入口、通道和床与其他家具：距离 600mm 以上。

（2）化妆台：距离周围家具 900mm 以上。

（3）床与床之间：距离不低于 500mm。

（4）可开启的柜门前通道：距离 700mm 以上。

3. 厨房

1）厨房操作台平面布局

（1）一字形厨房：台面宽度 600~650mm，宽度发展呈增加趋势，建议做到 650mm 甚至 700mm。台面长度标准尺寸有 1650mm、1800mm、1950mm、2100mm、2250mm 等，至 3600mm。

（2）L 形厨房：台面宽度 600~650mm。台面长度标准尺寸一侧 1650mm、1800mm，另一侧 1800mm、1950mm、2100mm、2250mm、2700mm。L 形空间非常便利，转身就能进行另一项操作，对于使用轮椅的情况是比较理想的排布。

（3）对面式：台面宽度 750mm、933mm。台面长度标准尺寸有 1985mm、2135mm、2285mm、2435mm、2585mm、2735mm。对面式布局考虑到厨房与餐厅的交流，在操作台留出一定的空间作为小吧台使用，台面宽度做到 900mm 以上为佳。

图 4-2-5　便利 L 形厨房

2）厨房操作台立面布局

厨房立面较为规格化，在设置操作台高度的时候，根据居住者的实际身高和使用情况选择合适的操作台高度。一般台面高度 850mm 左右。

4. 卫生间

洗面盆的高度通常在 780~920mm，尽可能深、宽。马桶的长度在 650~750mm，坐在坐便器上放腿的空间距离 400mm 以上。

4.2.4　住宅环境中的家具尺寸

家具在住宅空间中是实用品也是艺术品，但其主要功能是实用。家具按照与人体关系的类型分为人体家具、依靠家具、贮藏家具。设计应以人机工程学为指导，使家具符合人体的基本尺寸、生理特征和活动空间。人体家具如椅子、沙发、床等与人体接触紧密，使人坐着舒适、睡得香甜、安全可靠、减少疲劳。依靠家具如书桌、餐桌等是人们活动依托的平台，使用方便、舒适。贮藏家具如柜、橱、架等，有合适的贮藏空间，便于取放。

图 4-2-6　工作台（餐桌）

1. 工作面的尺寸

工作面是指作业时手的活动面。工作面的高度决定人作业时的身体姿势，坐着作业或站立作业都存在一个最佳工作面高度问题。工作面的高度不等同于桌面高度，还包括作业物件本身高度。如烹饪时，工作面高度并不是操作台面高度，还有灶具、锅具的高度。研究得出工作面在肘下 25~76mm 是合适的。最佳搁架高度是距离地面 1100mm，高出人肘部 150mm，这个高度的人体能量消耗最小。工作面的高度还影响人的作业技能。一般手在身前作业，肘部自然放下，手臂内收呈直角时，作业速度最快，体能消耗少。

在操作时，人的视觉注意的区域决定头的姿势。头的姿势要舒服，视线与水平线的夹角在坐姿时应为 32°~44°，站姿时为 23°~34°。头的倾斜角度舒服范围为站立 8°~22°，坐姿 17°~29°。阅读和书写时，视角为头向下离垂直位置 25°，眼睛距纸面距离为 300mm。可调节的工作台从适应性而言，是理想的人机工程学设计，不同身高的操作人使用不同的调节高度。

2. 座椅的尺寸

座椅最初是权力、地位的象征，坐的功能其次，之后逐步发展成一种礼仪工具，不同地位的人，其座椅样式、大小等各不相同。今天坐着工作可以提高效率，减轻劳动强度，无论在工作、在家中或在室外任何地方，人随处要坐。很多情况下，座椅与餐桌、书桌、柜台等工作面有直接关系，设计时要考虑这些因素。

座位和椅子的舒适程度和功能效用与人体的身体结构和力学相关，不同用途使用不同的座椅，如看电视与就餐的坐具高度就不同。椅子设计的关键包括高度、深度、宽度和斜度、扶手高度和间隔，重量分布，侧面的轮廓等。

座椅的高度由工作面的高度决定，人的肘部与工作面之间合适距离应当保持在 250~300mm，普遍采用的座椅高度为 430mm，可调节的座椅高度为 380~480mm，可以适合各种高度人的需要。转椅随椅子转动来适应人的姿势和位置，也增加了坐者的活动范围。

图 4-2-7 椅子的侧面轮廓

座位深度和宽度取决于座位的类型，如多用途椅子或沙发甚至躺椅等。通常深度 370~430mm 为宜，宽度最小 400mm，座椅宽度从宽为好。两个扶手间最小距离为 475mm，扶手高度为椅面之上 200mm 为宜。

人坐在座椅内若感到舒服，是因为重量主要由坐骨结节支撑，一把好的座椅可以适应姿势改变，软坐垫可以增加接触表面，减小压力分布的不均匀性。一般坐垫高度为 20~40mm，过软、过高会造成身体平衡不稳定。身体的稳定性还与座位角度、靠背角度和靠背曲线有关，座椅靠背支撑人的肩部以及腰部，理想的座椅在水平和垂直方向均能调节。

椅子的侧面轮廓对人体影响最大，是人坐下后产生的最终形状。座椅的侧面轮廓若能降低椎间盘内压力和肌肉疲劳，就能产生舒服的感觉。靠背应有垫腰的凸缘，凸缘的顶点应在第三腰椎骨与第四腰椎骨之间的部位，顶点高于坐面后缘 100~180mm，凸缘可保持腰椎柱自然曲线。简单靠背高度约 125mm，具有高靠背和垫腰的椅子，工作时身体前倾，凸缘支撑腰部，放松时人体后靠，靠背又保持了脊柱的自然"S"形曲线。

工作的椅子，靠背宽度 325~375mm，靠背倾斜角度 105°~110°，座位倾斜 14°~24°。工作椅子坐面宽度 400~450mm，长度 380~420mm，坐面中部稍微下凹，前缘呈弧曲面。休息的椅子座位高度为 370~380mm，靠背倾斜角度 105°~108°。阅读的椅子座位高度 390~400mm，靠背倾斜角度 101°~104°。眼睛与书保持距离 200~300mm。

3. 床的尺寸

长度 2000mm，一人用宽度为 1200~1300mm，二人用宽度为 1500~1800mm，根据不同风格，卧具高度从 300~800mm 都有。睡眠是人每天的生理过程，人一生三分之一的时间在睡眠。睡眠是为了有更好的、更充分的精力去进行人体活动，因而与睡眠直接相关的床的设计非常重要。

睡眠生理机制可简单描述为人的中枢神经系统兴奋与

抑制的调节产生的现象。床的尺寸在长度上应考虑到人在躺下时的肢体伸展，比站立尺寸要长一些，头顶和脚下要留出部分的空余空间，人在睡眠时的身体活动空间大于身体本身，床与深度睡眠相关，休息的好坏取决于深度睡眠的时间长短。床上人体活动区域舒适，宽度大于 700mm。床面上加一层柔软材料，使体压分布均匀，床面应有足够柔软性的同时应具有整体的刚性，需要多层结构保持软硬舒适度。

4. 沙发的尺寸

沙发的宽与高根据种类不同差别非常大。宽越大占用走道的空间越大，但是越能够放松地使用。

图 4-2-8 沙发

深度为 800~1100mm，较宽时使用较为放松但是比较占用空间。矮式沙发的组合方式包括有背和无背，以及根据使用人数不同长度也各不相同。例如单人使用长度为 1250mm，双人用为 1600mm，空间宽裕一点的话可以用 1850mm 长度，三人沙发则为 2150mm。

5. 电视柜的尺寸

随着电视向薄、大的方向发展，电视与电视柜的平衡感也是需要注意的问题。

电视大小与对应的电视柜尺寸建议为：宽度 1600~2200mm，深度 400~500mm，高度 400~600mm。

6. 餐桌的尺寸

常用的四人和六人餐桌尺寸，高度为 780~820mm，宽度为 800~1000mm。四人桌长度 1000mm 左右即可，六人桌为 1400~1600mm。考虑伸缩使用的情况，经过特别设计，六人桌可以展开为八人桌，长度大约为 1900mm 即可。

4.3 住宅设计中知觉与交往距离

4.3.1 人的感觉与知觉

在住宅环境中，除了人的形态与空间有关，人的知觉与感觉也是重要的因素。知觉和感觉是人对外界环境的一切刺激信息的接收和反应能力，属于人生理和心理活动的

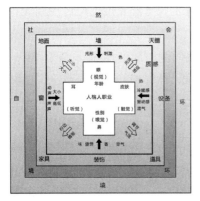

图 4-3-1 环境对人的影响

范畴。对刺激物可分为：可感知、可接受、不可接受三类，为住宅设计确定适应人的标准，帮助我们根据人的特点创造适应人的住宅生活环境。

环境与人息息相关，良好的住宅生活环境可以促进人的身体健康，提高效率，改善生活质量。声、光、温度、湿度等物理环境因素与住宅设计关系密切，外界因素通过感官系统进入大脑，形成知觉，进而影响人的心理。

感觉	器官	影响	知觉
视觉	眼	大	色彩、亮度、远近、大小、位置、形态、符号
听觉	耳	大	声强、音高、音色、节奏、方向、韵律
触觉	皮肤	中	温度、压力、部位、疼痛、触感、摩擦感
嗅觉	鼻	较小	香、臭、甜、异味
味觉	舌	极小	甜、酸、苦、辣、咸

视觉是光进入眼睛产生的，视觉系统是一个从眼球到大脑的极其复杂的构成体系。住宅中视觉要素有视野、光感、色彩、眩光与残像、明暗适应、视错觉等，这需要在色彩和照明设计中重点处理。

听觉由耳和有关神经系统组成，其要素包括音频、响度、声强，三者相互影响，人可听到的范围是20~20000Hz。住宅听觉环境问题：第一类是包含有用信息的声音。如何听得更清晰，声音传递效果更好属于声学设计工作范畴。第二类是噪声。如何去消除，降低它对人造成警觉干扰、睡眠干扰、心理应激等生理反应，需要在构造材料规划中重点处理。

触觉是皮肤的感觉器官功能。皮肤能感知冷热、干湿、软硬、粗糙细腻、疼痛等，人体会产生舒服与否的判断，进而对环境做出相应的生理反应与行为。住宅中触觉要素有冷暖环境、质地环境等，需要在装饰材料中重点研究。

4.3.2　住宅空间中的交往距离

人的心理与行为与住宅空间环境紧密联系并相互影响。人的心理和行为对住宅空间环境起决定作用，如房间如何使用，最终呈现的空间形态都是由人决定的。反过来住宅环境也会影响人的心理感受和行为方式，如一个安静且尺寸亲切的环境使人亲近，一个局促而嘈杂的环境使人远离。

英国心理学家 D. 肯特说："人们不以随意的方式使用空间。"即是说，人们在空间里有什么样的行为是有特定方式的，不是随意的。这些方式受生理和心理的影响。人们不仅以生理尺度去衡量空间，还有心理尺度。

住宅中居住者的心理与空间因素的核心是交往距离，包括亲密距离、个人距离、社交距离和公众距离。

（1）亲密距离是人际交往中最为重要同时也是最为敏感的距离。亲密距离是一个人与其最亲近的人（夫妻、恋人、父母与孩子）之间所处的距离，在 0~450mm。当陌生人进入这个领域时，可能会使人产生强烈的排斥反应。

（2）个人距离的范围是 450~1000mm。这是人们可以亲切交谈，又不致触犯对方的近身空间。所以朋友和熟人在街上相遇，一般在这个距离内问候和交谈。这个距离就是我们平时最易敏感的距离，出于对陌生人的防备心理，人们对于侵入这个距离的陌生人感到不舒适。通常女性的个人距离小于男性。

（3）社交距离一般在 1000~3500mm 之间。通常客厅设计 3000mm 以上的尺度，为每个人提供了较大的空间，因此客人到家，能够保持较好的尺度感。而通常，卧室不是每个人都可以进入的。

（4）公众距离是公众集会时采用的距离。一般在 3.5~7m 左右。在居住环境中，通常为建筑的邻里关系。

作为一门专业，人机工程学是检测空间质量的一把尺子。简单来说，房间使用的便捷性、舒适度、适宜的尺度都反映着生活质量。住宅生活中的行为包括交流、学习、娱乐、操作等，为满足这些活动，从生理上依据空间尺度和家具尺寸，从心理上依据交往距离，进行定制化设计。

评价的标准有很多层面，足够的空间、安逸的心理、活动的便捷、用具的便利，这些都体现了设计师对居住者的关心，理论之外，需要设身处地、换位思考，才能获得真正的设计经验。

第 5 章　住宅陈设设计

图 5-1-1　原始时期人类就在家园中进行装饰

图 5-1-2　陈设是一整套具有艺术内涵的空间呈现（此图由LSDCASA 设计公司提供）

5.1　住宅环境陈设的概念

陈设艺术是从人类诞生之日起就相伴随行的，在几千年的历史演进中发展，可以说从室内空间的形成之始就伴随出现了室内陈设。追溯到远古时期，部落氏族建筑中的物品如石器工具、陶器、苇席的摆放属于无意识的陈设。这些具有实用意义的物品，随着工艺进步、美的意识的提高，为最初的陈设意识产生奠定了基础，它在时代的潮流中不断演变进化。

在当代陈设艺术受到追捧，陈设艺术从室内设计专业细分出来，源于人们的精神需求，这进一步带动了陈设艺术的发展。陈设艺术包含整个空间的规划，并非只是摆放一件饰品、一盆植物、一幅画作、一个雕塑，它是整体空间内部的和谐搭配，协调环境与人的关系，并强化了这个空间的氛围、内涵与魅力。

1. 住宅陈设设计的定义

室内陈设设计（Interior Decoration）是指建筑物结构之外，对室内环境和空间中的陈设物进行整合协调的学科。住宅陈设设计可以作为室内环境设计的一个重要组成部分，重点研究家居空间如何营造恰当、优美、个性化的氛围和空间格调。为区别陈设品与装修的区别，强调通过家具、布艺、饰品、绿植等软性因素进行空间美化，市面上也将其称为"软装饰设计"。

在我国改革开放经济大发展大繁荣的形势下，国外文化的涌进和国内需求的增加，给国内的室内空间陈设艺术

图 5-1-3　陈设聚焦于家具、布　　图 5-1-4　器物文化中体现的艺术
　　　　　　艺、饰品及绿植　　　　　　　　　　　　性在生活里体现为个性

专业带来前所未有的刺激，它将技术与艺术融合，真正满足人们的物质精神需求，使室内陈设这个专业逐渐被人们熟知，目前其正处于稳定发展的阶段。

室内陈设艺术的重点是以传达器物文化为首要目的，同时传达视觉信息，充分体现"艺术性"和"个性"两方面，还交织美学、产品设计等学科的知识。

2. 陈设与室内设计的关系

室内陈设设计从室内设计中分离出来自成体系，追溯起来，室内设计（Interior Design）和室内陈设设计（Interior Decoration）都源自室内装饰（Interior Furnishing）。陈设设计是对室内环境设计的整体协调构思，如对绘画作品、雕塑作品、生活用品、绿色植物等进行整体的设计整合，利用这些物品营造出一种氛围，体现品位、风格、气氛、格调和意境。室内设计则更多考察建筑空间，优化建筑空间的物理性能，使其更利于居住者使用和生活。

3. 室内陈设设计的发展沿革

探讨室内陈设艺术要追溯到人类早期对室内陈设的涉及，人类在穴居时代就已经开始把生活中与自然的交互转化为绘图进行装饰，穴居人洞壁上已经出现人物、动物形态的绘画。这是用最原始的审美方式来反映当时的日常生活和狩猎活动，如中国的建筑雕梁画栋，欧洲的嵌金、

图 5-1-5　墙纸、窗帘、造型茶几、
　　　　　　插花共同营造了家居氛围

图 5-1-6　晋商乔致庸住宅低调华丽

图 5-1-7　欧美室内陈设专业发展为
成熟体系

贝壳镶嵌等都将一种图样做成装饰物来反映当时的社会生活。

现代室内陈设设计起源于现代欧洲，也称为装饰派艺术，兴起于 20 世纪 20 年代。随着现代技术的发展，居住空间布局不断扩大，人们的生活质量提高，除物质需要外，精神需求日益增长，加之人们的审美意识觉醒，装饰的概念普及开来。到 20 世纪 30 年代，室内设计学科正式在美国确立。人们对生活和工作空间的舒适度和艺术性要求大大提高，促使室内陈设设计蓬勃发展。由于第二次世界大战的影响，室内陈设设计陷入低潮。到了 60 年代后期，随着工业振兴，陈设设计再次进入大众的视野，发展至今发达国家的陈设设计已经发展得较为成熟了。

5.1.1　住宅空间陈设的作用

1. 住宅陈设的功能性作用

首先，室内陈设的功能性作用是首要的，为满足自身日常生活的基本需要，同时带有一定的艺术审美性，家具在室内陈设设计中占有很大的空间比例，它是人们在日常生活中最基本的需要，如沙发、椅子、衣柜、床等。

灯具在居室中兼具照明和审美功能，它可调节室内光

77

图 5-1-8 美式沙发以宽大的尺度保证舒适度

效，根据空间需要，变化照明方式，然而，光源需要隐蔽，因此各种灯罩功能各异，同时也起到装饰作用。

织物是室内陈设设计空间中占用面积最大的陈设之一。它包含地毯、窗帘、灯罩、沙发织物、床套等，通常质地柔软、纹样多变、易于换洗等，具有挡风、保暖、遮光、吸音等功能。

除了自身的实用性之外，装饰品也优化了住宅空间的品位和功能。主要表现在以下方面。

1) 改变格局，创造层次

室内空间主体结构一般由于承重需要是不能够轻易改变的，而利用软装饰对空间的布局进行重组，利用色彩纹理的变幻搭配可以满足人们的心理需求，传达主人的欣赏品位、身份地位和兴趣爱好。

利用室内的灯具、家具、织物、绿植、收藏品、雕塑等软装饰对室内空间进行设计改造，丰富室内空间层次，改善生活环境，营造更加优雅而充满艺术美的生活空间。可以使用"实"的手法，创造出有明显界限、私密的、有

图 5-1-9 屏风的功能是分隔空间，
营造区域感

图 5-1-10 贝壳制成类似蒲公英的灯
具别具一格

图 5-1-11 墙面的大幅抽象画增添了
时尚氛围

图 5-1-12 做旧的细部给法式田园风
格增添了年代感

独立性的环境格局等。还可以使用"虚"的手法对室内空间进行视觉空间隔离，它并不是完全的空间隔离，其本身还具有开放性和流通性的特征，满足功能同时美化了空间。

2）柔化空间，营造意境

陈设品中织物质地柔软，又具有丰富的纹样和绚丽的色彩，柔化了水泥白墙的生硬，改善了室内空间的氛围。饰品的色彩搭配是住宅陈设设计中最重要的一部分，通过饰品摆件的各种色彩调和与对比，增添了情趣，营造出适合居住环境优雅舒适的氛围。色彩的表达受到灯具及光源的影响，作为居家陈设的一部分，灯具的样式和造型在空间设计中起到画龙点睛的作用，个性鲜明的灯具经常体现出设计的风格和品位。例如，水晶吊灯显得奢华，而铜制灯具气质内敛，一些著名设计师的作品，突破传统，让人眼前一亮。

2. 住宅陈设的装饰性作用

1）烘托气氛，创造格调

使人对环境产生一种强烈的情感感受是陈设设计的初衷，它用来表达空间环境的一种气氛，不同空间内的陈设品带来不同种类的空间气氛，如装饰性的绘画、雕塑带来一种艺术气质，绿色植物除可以净化空气外还可以带来身临自然的亲切感，所有的陈设共同创造出空间的格调。

2）突出主题，彰显个性

英国艺术史学家贝维斯希利尔说过："风格与生活方式有着密切的联系。"陈设设计的目标就是表达一种生活方式并以风格的方式传达出来。风格是时代发展的产物，记录着陈设设计的发展演变历史过程。陈设设计利用空间内的装饰品对空间的风格进行定位，其种类、造型、色彩、肌理、质感体现为不同的风格，利用不同的元素打造个性化的居住空间。

3）地域精神，民族特征

不同地区的陈设风格源自其特有的生活方式和生活习惯，陈设品都蕴含着本地的文化内涵，利用这些民族风格特点进行陈设设计装饰，不是仅仅为了模仿而模仿，而是深入理解其中的文化内涵借以融入环境空间设计中，协调

图 5-1-13 结合狩猎概念传达出乡村生活方式

图 5-1-14 竹制家具体现了中国南方
地域特点

整体布局形成新颖的设计思路。

4）传承历史，表达文化

现代人的生活习惯和方式在快速改变，人们对生活的品质和品位的要求不断提升，逐渐意识到文化底蕴的重要性。陈设品的风格和所处时代的审美相统一，比如战国时期的青铜器，唐汉时期的瓷器和丝绸，宋元以后的家具等，安排放置在室内空间时应考虑它的时代背景和文化底蕴从而产生一种新的风貌。

5.1.2 住宅空间陈设种类

就类别而言，配饰设计要素可大致分为功能性要素、装饰性要素和文化性要素几种。功能性饰品包括家具、织物、灯具、器皿等；装饰性饰品包括植物、景石、工艺品等；文化性饰品包括绘画、雕塑、摄影、书法等。

1. 功能性陈设

1）家具

家具是构成室内环境的重要组成部分，也是室内陈设设计的主要元素，具有实用性和欣赏性双重属性。家具的造型风格多种多样，可分为中式家具、欧式家具、美式家具、现代家具等。家具从材质方面讲有木制、竹制、藤制、金属、塑料、布艺等。其种类有床、柜、桌、椅、几、台、沙发、屏风、博古架等。

图 5-1-15　飞利浦·斯塔克设计的 ghost 椅从洛可可椅获得灵感

图 5-1-16　改良的家具将榻和转角沙发结合在一起

图 5-1-17　新古典适当化简了巴洛克家具的过度装饰

图 5-1-18　美式家具简单大方、朴实无华

（1）现代风格家具。现代风格家具主要分板式家具和实木家具。它是以经济、实用、美观为原则，删繁就简，在工业化发展的背景下，适应机器批量化生产的需求，去掉冗杂的装饰，对功能高度重视，因此现代风格的家具通常表现为简洁的外形、合理的结构和极少的装饰。现代家具的代表——北欧风格家具自然简约，呈现接近原生态的美感，同时融入了斯堪的纳维亚地区的特色。在家具配色上，偏向浅色，如白色、米色、原木纹色。常常以白色为主调，对比鲜艳的纯色为点缀；或者以黑白两色为主调，不加入其他任何颜色，所营造的空间氛围给人以干净明朗之感。

（2）新中式家具。新中式家具线条简单流畅，结构精巧合理，不做任何多余的修饰，简洁耐看。新中式家具不是简单意义上的复古明清家具，而是提取其中要素，表达东方独特的庄重与优雅气质，体现中式古朴舒缓的意境始终是东方人特有的情怀，亲近自然，品味悠长。新中式家具在延续中式风格特征的同时更注重实用性。

（3）欧式新古典家具。欧式新古典家具是在古典家具的风格特征中融合了现代的元素，符合现代人的审美需求。欧式新古典家具款式和搭配变化多样，色彩上可富丽堂皇，也可古色古香，抑或清新明快、化繁为简，摒弃了巴洛克和洛可可时期的繁琐装饰，但也保留了欧式家具的线条轮廓特征。

（4）美式家具。美式家具有极强的个性，表达了美国人追求自由、崇尚创新的精神。美国是一个移民国家，其家具包含了欧洲各个国家的元素，加以融合就形成了美式家具。移民富于开拓精神，崇尚自然使得美式家具造型不喜过度装饰。美式家具形体宽大厚重、休闲随意，重视实用性。"家"带来的更多是回归，是释放。美式家具的涂装体现使用感和回归自然的理念，显现木材本色，粗犷而富于活力。

（5）田园风格家具。田园风格倡导"回归自然"，表现休闲、舒畅、自然的田园生活情趣。在高科技和快节奏发展的今天，自然之美能使人获取生理和心理的平衡。

图 5-1-19 田园家具暴露自然材料本质，具有朴素的美感

图 5-1-20 玻璃钢制郁金香椅展现出
曲线美

图 5-1-21 汉斯·韦格纳设计的中国椅

田园风格家具可以被认为是欧式古典家具的乡村版本。材料选择砖、陶、木、石、藤、竹，并配以棉、麻等天然制品的织物。经典的条纹，精致的碎花，纯净的原木，营造温馨舒适和华丽内敛的感觉。

（6）北欧现代家具。北欧家具是斯堪的纳维亚半岛向全世界传达的生活理念。不同于现代家具的冰冷生硬，北欧家具利用丰富的自然资源，从木料的精选到皮革的甄别，极富匠心。北欧家具有两个设计方向：一种是有机现代主义风格的家具，通过一次成型的技术直接生产；另一种是以汉斯·韦格纳为代表的传统木作技术呈现出来的丰富类型，参考了中国传统家具的榫卯结构和部分形制，形成具有代表性的北欧现代家具风格。

2）灯具

灯具是居室陈设中必不可少的要素之一。灯具的种类繁多，家庭居室常用的灯具，根据功能及布设可分为吊灯、射灯、吸顶灯、壁灯、落地灯、台灯等类型；光源包括热辐射光源、荧光粉光源、LED 光源；光根据色温分为冷光、暖光和中性光三种。灯具的造型千差万别，选用灯具要根据功能配合风格协调处理。光根据居室空间面积、室内高度等条件选择适宜的灯具尺寸。例如，起居室需要营造较为热烈的氛围，因此选用吊灯或具有设计感的吸顶灯；书

图 5-1-22　作为主光源的吊灯能够与地面家具呼应

图 5-1-23　台灯种类繁多，需要与整体空间协调

房为加强工作照明，需要一盏光线柔和的台灯；餐厅需营造一种进餐的情调，除了吊灯，可选用烛台增加浪漫氛围。

（1）吊灯。吊灯作为主照明在客厅中必不可少，水晶灯华丽，铜制灯细腻，铁艺灯质朴，可配合不同的风格使用。市面上可以看到很多设计感强的吊灯样式，既具有灯具功能，也像雕塑一样，具有极强的装饰性。

（2）台灯。台灯的光亮照射范围较小，不会影响整个房间的光线，作为局部照明便于读写。台灯材质多样富于变化，有金属台灯、树脂台灯、玻璃台灯、水晶台灯、实木台灯、陶瓷台灯等。

（3）壁灯。壁灯多安装在卧室、过道、楼梯、阳台，适宜作为辅助照明，照明度低，主要用于点缀室内环境，营造艺术感染力。壁灯安装高度应略超过视平线 1.8m 高左右，卧室壁灯距离地面可近些，为 1.4~1.7m。

（4）落地灯。落地灯一般布置在客厅和休息区域，与沙发、角桌、茶几配合使用。落地灯主要用作局部照明，强调移动的方便性，对局部空间的气氛营造十分重要。落地灯种类分为直照式落地灯和上照式落地灯。

图 5-1-24　壁灯在局部照明上起　　图 5-1-25　落地灯提供了阅读区
　　　　　　到关键作用　　　　　　　　　　　　的局部照明

图 5-1-26 加装幔头的欧式窗帘层次
丰富

图 5-1-27 局部铺设地毯能够对空间
进行虚拟分割

3）织物

织物作为软装饰的重要要素体现在窗帘、地毯、挂毯、床品、靠垫、桌布等用品方面。材质通常为天然纤维棉、毛、麻、丝等原料，这些材质都具有良好的吸音效果。织物质地柔软，色彩搭配丰富，图案变化多样，与家具搭配使用可起到柔化空间、美化空间、创造温馨环境的作用。

窗帘具有实用性和装饰性双重属性。窗帘的主要作用是分隔空间与外界隔绝，保持居室的私密性，它可以遮光、隔尘、保暖、吸音、防辐射等，调节居住环境。同时窗帘在家居中起到了非常重要的装饰作用。窗帘风格和款式多种多样，风格包括美式、欧式新古典、现代简约、中式、田园风、地中海风格等。窗帘和窗幔的结合，占据了居室空间的整个墙面，对突出居室风格起到了重要作用。

地毯在居室空间经常起到虚拟分割空间的方式，将沙发区或睡眠区从空间中独立出来。地毯的种类很多，按材料可分为纯毛地毯、化纤地毯、皮革地毯等。按铺装方式，有卷材地毯和单块地毯两大类，一种是满铺固定于地面上，另一种是灵活铺装，可随时更换。欧式和现代风格的地毯多种多样，中式地毯常运用一些传统或具有意境的抽象图案对地毯进行美化。

图 5-1-28 艺术挂毯与绘画的装饰功能相近

图 5-1-29　床品选择同一主题布样，
匹配差异化抱枕

图 5-1-30　腰枕符合人机工学的同时
增添细节感

挂毯作为装饰品运用在室内历史悠久，挂毯主要体现纹理或图案，一些具象的绘画也被织就于毯面上，表现了地域文化或主人的审美情趣。

一套床品包括被套、床单、两个枕套，即常说的四件套，通常它们不仅是同一风格的，而且是具有同一主题的。儿童房多采用天真可爱的图样，婚房选用热烈喜庆的面料，普通居室则以温馨典雅为目标。

靠垫、桌布的设计通常相互照应，形成一定的色调或色彩搭配关系。靠垫也称抱枕或靠枕，以布艺为主，皮革类也有使用。为了增添丰富的细节，设计滚边进行立体强化，有的点缀扣子。根据材料的不同，可细腻可粗犷，可华丽可朴素，是居室品位的细节呈现。

2. 装饰性陈设

1）工艺品

在居室中，除服务我们生活的器具之外，还有很多纯粹为了美化环境而设置的摆件和器皿，这些精美的器物统称为工艺品。工艺品种类丰富，不计其数，有玉雕、砗磲、珊瑚树、象牙雕、木雕、刺绣、漆器、陶器、瓷器、金银器、草编、竹编、青铜器、景泰蓝、琉璃工艺品等。这些器物中有的做成器皿盛装物品，包含盆、罐、碗、杯、碟、瓶等日常用具。制成的器皿材料多样，形状各异，包括花瓶、餐具、茶具、酒具等。作为陈设品，多置于独立的案台或

图 5-1-31　以玛瑙为主题的工艺器具十分奢华

图 5-1-32 盛满布绒玩具的女儿房可爱至极（此图由 LSDCASA 公司提供）

图 5-1-33 层次丰富的绿植让居室生机勃勃

图 5-1-34 多肉类小型植物容易打理，成为热门

博古架上，与周围装饰性图案或挂画组成一处小景。

根据不同的场景，工艺摆件丰富了整个空间的艺术格调。在起居室，花瓶花插、装饰盒、托盘甚至杯垫都体现了设计的细节，在我国传统中，熏香和香炉也是贵族生活品位的体现，今天则转为家居熏香产品，增添了空间中美好的味道。卧室除床品外，还有妆台上的摆设，从首饰盒到香水瓶不一而足；儿童房则是玩具的天下，男孩儿有棒球和象棋，女孩儿则被人偶和卡通占据。书房的中心是书籍，书挡、地球仪、放大镜等增添了主人书桌的质感。

2）植物类

植物的品种、生长形态、体量的选择与室内的装修风格有着紧密的联系。一般将室内植物分为大、中、小三类：小型植物在 0.3m 以下；中型植物为 0.3~1m；大型植物在 1m 以上。结合要营造的空间氛围，花盆、花架等配饰也要与植物一起作为整体的要素考虑。

（1）中小型植物。植物在室内多表现为观赏性，同时具有净化空气的功能。闻香类植物有茉莉、玉兰等；悬挂类植物有吊兰、绿萝、常春藤；观叶类植物有蒲葵、富贵竹、虎尾兰、孔雀木、天门冬等；观果类植物有福橘、石榴、无花果等。盆景类植物有红豆杉、榕树等；此外，

图 5-1-35 大型绿植对室内景观环境的改善影响很大

图 5-1-36 太湖石以瘦、皱、透、漏、
丑为特点

近年来流行的小盆景还包括多肉植物和苔藓类植物。

（2）大型植物。常见的大型植物包括散尾葵、龟背竹、龙血树、琴叶榕、棕榈、天堂鸟等，有的取名发自百姓的心声，例如发财树、幸福树、富贵树、平安树等。大型植物可以增强空间的绿植面积，遮挡分割空间的同时，为居家环境增加了生机。

（3）景观小品。景观小品以景石为主，还包括一些景观摆件。景石起装饰作用，是观赏性强的石头，出自天然，质地坚硬，造型多变，留有想象余地，能表达丰富的内涵和意境。常见的景石有玉石、黄蜡石、钟乳石、龟纹石、太湖石、灵璧石、木化石等。因景石具有独特的观赏性，常摆设在玄关区、客厅或书房的格架中，增添了文化品位。

3. 文化性要素

文化性要素与精神层面的需求联系颇为紧密，通常以艺术作品来体现，具有较高知识水平、一定文化底蕴和审美能力的人更倾向于选择这类陈设品。艺术品一般泛指书画、雕塑、摄影等具有较高艺术品位的作品。不同流派的作品表现形式是迥然不同的，色彩和风格也千差万别，作品的隐喻表达也体现了个人喜好，因此，艺术作品也需要结合装修风格。

1）书画作品

西方艺术作品具有多种流派，主要分为写实和抽象两

图 5-1-37 居室走廊中的大幅绘画极
具视觉冲击力

图 5-1-38 工笔画中的没骨花鸟类型
娴雅富贵

大类。写实类主要有古典主义、浪漫主义、印象派、照相写实派等；抽象类主要有冷抽象、野兽派、表现主义等。在家居陈设中，绘画经常占据视觉中心的位置。

中国画相对来说是一脉相承的，依据题材分为三大类：人物画、花鸟画、山水画。按绘画技巧分为工笔画和写意画。书画过去多为宫廷和文人士大夫欣赏，今天则为大众所喜爱，多表现和传递美好的意愿或个人品格。花鸟画从宫廷的写实花鸟到更具文人画特色的鱼虾禽鸟不一而足，甚至萝卜蔬果也经常入画。人物画通常在居室中较少使用，山水画则体现了主人寄情山水的追求。书法艺术在艺术史上自成一格，结合文字，通常表达居住者的人格，同时字体与书写者的人格一致，即字如其人。

2）雕塑作品

雕塑在西方室内设计中一直是重要的要素，美好的雕塑经常被布置在空间转换区域或者通道尽端，让人想一探究竟。传统雕塑以写实为主，现代雕塑则突破了形体的束缚，更具视觉冲击力。在我们的传统文化中，居室空间中常见的是浮雕或透雕，圆雕较少，反而是一些太湖石等摆件填补了这一缺憾。

图 5-1-39 大型不锈钢雕塑通常用在别墅中营造视觉焦点

图 5-1-40　无框现代装饰画成为视觉
焦点

图 5-2-1　遵循黄金比例设计的创意家
具

3）装饰画

现代设计需要现代装饰，与传统的中西方绘画不同，今天的装饰画种类繁多，有的突破平面，出现了立体的特性。例如衍纸艺术、发光纸雕、结合真实材质的装饰画、艺术摄影、创意绘画各具特色，根据个人欣赏品位，表达出强烈的个性。

5.2　住宅空间陈设的设计方法

英国经验主义美学提出，"美"是在一定条件下的美，一切真正的艺术应具有一种共同性质，"有意味的形式"是视觉艺术的共同特征。陈设设计的构图来自设计师的经验和自身对美的不同理解，每个设计师都有一套对美的系统的理念，但都具有共通的特性。

设计师对形式美来自长期的实践和经验的积累，美的形式因时代的不同而表达内容不同，但有最基本的美的标准，如美的标准要按照一定的物与物之间的比例关系（如黄金比例），还有在整体和局部之间的一些习惯性的比例关系（如整数比）。这些美学规律可以总结成为一系列设计原则以指导实践。

5.2.1 陈设设计的原则

陈设设计原则基本上是人们日常生活中的一些固定思维模式和生活习惯，来自于习俗、个人价值观、文化修养、经济水平、生活理念、人生观和世界观等。在某一地区和时期，对某一观念和形体的形成有美和丑的共同认识。这都是日常生活积累得出的结果，体现为三个基本原则：统一性原则、均衡性原则、和谐性原则。

1. 统一性原则

统一对比技巧是设计中的基本方法之一，也用于住宅陈设设计中，讲求款式、色彩、质地在相似的基调中，布置摆放家具、灯具、织物、植物等陈设品时有组织、有目的，从而整合了空间风格。统一规划容易达到美的效果，可以利用色彩、形态、艺术风格等手法来进行设计。

图 5-2-2 以护墙板颜色统合整个空间
（此图由 LSDCASA 公司提
供）

图 5-2-3 金属几何框架与自然材质统
一成套

图 5-2-4 陈设和家具的中式元素被统
合为风格（此图由 LSD-
CASA 公司提供）

1）色彩的统一

进入一个空间第一感受是环境色彩，不会具体到细部装饰上，背景色、主体物色、装饰色是室内陈设色彩设计的三个主要组成部分。

天花板、墙体、地面在室内陈设设计中占有大面积的色彩，有利于整体色调的协调，但不宜大面积地使用鲜艳的色彩，一般以低彩度高明度稳定的色彩为主，防止室内颜色过于鲜艳使人产生不稳定的心理感受，让人在室内空间生活得舒适安逸。在室内空间中家具的色彩搭配需要在构成统一色调的基础上选择一些稳重的颜色。

在装饰品上选择一些色彩对比较为强烈的颜色，形成比对和互补，使空间内的色彩统一而不乏味，丰富视觉感受且活跃空间气氛，这些颜色一般都用于点缀型的小面积的饰品物件上，如靠垫、灯具、挂毯等。

2）形态的统一

随着现代社会经济的繁荣与工业的进步，陈设品的数量越来越多且在形式上丰富多样，正满足现代人讲求不拘一格，打造体现自己脾气秉性的风格，但还是要对陈设品的体积、面积、长短曲直、外形的方圆统一规划，也要满足空间内形态的统一协调，在统一中寻求变化，可以提升环境空间的融洽度、视觉审美和舒适性。

3）风格的统一

同类风格的饰物有助于营造空间的统一风格，但同时也要考虑到功能性陈设品和装饰性陈设品两者的统一，自身有独特风格的陈设品对于提升改善空间个性有着积极的作用。有时候可以将少数不同风格的饰品摆在整体风格比较强烈的居室空间中作为画龙点睛之笔，但建议不要过多布置，否则画蛇添足就会给人纷乱之感。美式居室风格比较固定，但同时也吸收了东方的瓷器作为风格的平衡，在统一中也照顾到了个性的展现。

2. 均衡稳定原则

均衡稳定是利用力学原则来进行设计的一种方法手段，在遵循中轴线、中心点的基础上进行设计，强调平衡性，不能是一面盈，另一面亏，避免一面重、另一面轻的视觉

图 5-2-5　对称布局最易产生均衡稳定感

图 5-2-6　空间充满线条要素，故而取得形式感的和谐

图 5-2-7　照片墙杂而不乱带动了用餐氛围

效果。与对称不同的是，均衡包含了陈设品的"视觉重量"，同样大的物体，深色显得小而重，白色显得大而轻。物体使用均衡稳定原则可以创造出更为生动活泼且和谐优美的视觉效果。与统一性原则中所讲的色彩和形态两个方面一样，均衡性原则也可以从色彩的均衡和形态的均衡两者出发，进行设计上的规划。

3. 和谐性原则

所谓和谐，指的是整体与部分的和谐，是一种主从之间的关系。创造一个视觉中心是非常重要的，能够吸引人的注意力，抓住人们的视觉注意力。视觉中要有主视觉，主要集中的观察都在主视觉中，人们不能够把视觉注意力放在周围，所以在设计中要遵循这个原理，分清主次，突出一个主体或者目标，才能使主次分明，不会造成视觉混乱。在设计中先从主从关系进行谋划是最直接的方法，在整体主从关系明确的基础上可以对小部分的装饰加以突出，以增添活跃气氛。

5.2.2　装饰品的陈设方式

在室内陈设中通常的陈列方法有墙面陈列、落地陈列、台面陈列、橱具架陈列、悬吊陈列几个方式。

1. 墙面陈列

墙面一般由大面积平面空间构成，适合陈列书画、装饰画、壁灯、壁毯、壁雕、摄影等装饰。在墙面上，艺术品装饰了大面积的墙体，使白墙不单调空旷，丰富了室内空间的视觉感受。

但在使用陈设品时要注意其与临近物品的关系比例和色彩关系，使其融入统一风格之中，避免造成视觉上的混乱和突兀。如在挂绘画作品时要考虑绘画作品要表达的寓意，同时避免主人的忌讳。还要注意陈设品的陈列构图方式，在使用对称式构图时追求的是一种给人心里稳定的感受效果，显得庄重，但有时会显呆板不够活跃。非对称式构图给人以生动活泼的感受效果，但使用不当会产生凌乱、不稳定的效果。

居室墙面陈列多见照片墙，大小不同的相框，看似杂乱无章，经过整理却可以形成一个轮廓。除此之外，轴线非常重要，不同的画面可以上对齐、中对齐或下对齐的方式进行布置。

2. 落地陈列

在空间比较大、室内比较空旷的地方一般使用落地陈列，可以陈设一些大型工艺品、雕塑作品等。它们的视觉吸引力比小型陈设品要强烈，而且还可以作为这个空间的标识，形成视觉中心。

3. 悬吊陈列

悬吊陈列设计能增加人们对空间的情趣喜好，丰富环境空间层次，一般悬挂物都是重量比较轻的陈设品，在丰富陈设情趣的同时还要保证空间使用者的安全。如挂上一串串珠帘作为屏挡，既满足了分隔空间的要求又丰富了空间的层次感，给人带来更多的意外乐趣。

4. 台面陈列

台面陈列是最常见、普遍的一种陈设手法，它用于茶几、咖啡桌、书桌、窗台、化妆台等空间陈设，在陈设桌面系列的陈设品时要考虑到日常生活使用的功能性和装饰性，可以灵活布局，有整齐摆放的秩序性和均衡性，还要顾及临近陈设品的协调搭配，使其组合得当。

5. 橱架陈列

橱架陈列不仅有陈列功能，还具备贮藏功能，它的形

图 5-2-8 落地陈列的三脚架老相机营造了摄影主题

图 5-2-9 几何形装饰与珠滴形吊灯形成不同意趣（此图由 LSD-CASA 公司提供）

图 5-2-10 西方用餐讲究刀叉摆放也是台面陈列

图 5-2-11 仿中式柜架具有丰富的储
物功能

式也很多元化，有壁架、书柜、陈列柜等。陈列时可以利
用自身的疏密程度或者和临近橱架组合或者单独摆放，形
成错落有致的构图，要注意的是因为它可以储藏和陈列的
东西比较多，要避免放过多的陈列物而形成堆砌感。

5.3 住宅空间陈设设计的流程

住宅空间陈设设计的流程，通常从分析客户的需求开
始，因为不同人的生活方式和价值观对陈设品的需求产生
了直接影响，所以导致了陈设效果的差异。

通常来说，室内设计的风格可由一件陈设品推演出来。
例如，我们看到一只欧式的茶杯，可以想到一套欧式的茶
具，茶具需要放在一块台布上，台布罩在一张欧式的餐桌
上，围绕餐桌是欧式的餐椅，旁边需要设置餐边柜、酒柜，
其风格也必然是欧式的，再推演下去，墙体的壁纸、吊顶
的设计都需要和已存在的陈设品相一致，因此可以说，风
格的形成不是从外向内，而是从内向外形成的。

过去经常认为，陈设设计是在室内装修完成之后才开
始的，实则相反，室内装修的风格一定要满足住在这个空
间中的人的生活方式，因此，当我们不了解居住者需要的
风格时，可以借由他平时使用的陈设器具，甚至穿着打扮，
了解一个人的喜好品味和价值观，由此做出具有风格的设
计，一定能够使其称心如意。

图 5-3-1 鹿角、鹿皮、木几成组陈列
充满乡野气息

图 5-3-2 陈设是给居室穿衣服，从而反映主人品位

图 5-3-3 寻找陈设灵感让设计有据可循

图 5-3-4 家具是空间与饰品的中介，定义了主要风格

一套住宅，从建筑层面进入内部空间层面，再进入器物层面，最后才是人的生活空间。陈设设计就是完成器物层面的搭配。作为空间的设计者，实际上我们是通过陈设器物和装饰品的摆设，在协调空间和人的关系。

第一步，取得客户需求的风格信息。

室内陈设需要在了解客户需求的情况下开始，拿出之前或参考的成熟案例与客户进行初步沟通，也可带客户在家居店面进行现场沟通，通过交流找到其喜爱风格的线索，着手进行陈设设计，概念设计具有围绕主题讲故事的特点，便于客户理解整个方案。

第二步，从空间到家具，从家具到饰品开具清单。

了解一套住宅有几个空间，不同的空间分别做什么使用。例如起居室设计，需要摆设沙发、地毯、茶几、电视柜等主要功能性家具，并对其进行合理配搭。沙发上布置抱枕、靠枕、垫子等。沙发旁还有一些辅助性的小型摆件，例如角几上的台灯、相框、书报架、电话架等。将需要的内容列出清单，统计数量。

第三步，大量的布艺类集中考虑。

寻找与整体风格协调的具体样式，从色彩、尺寸、纹理等方面进一步考虑。从网络平台或现有的配饰制造商提供的图样中选取，并估算总造价。

图 5-3-5 将布板和材质样块做成物料表让客人一目了然

图 5-3-6 带有主题性的成套摆件可直
接用于陈列

图 5-3-7 经过反复协调完成陈设细节
　　（此图由 LSDCASA 公司
　　提供）

第四步，成组摆件参考案例直接应用于方案的构成中。

给空间中的摆件设定主题，即可推演出需要的方案。对成组的摆件，根据造型需求，绘制搭配草图，包括总体尺寸、与空间的尺度关系、安装方式等。

第五步，探讨方案，调整并签订合同。

具体实施安装和陈设品摆放，对整个过程进行把握和调整，直到顾客满意，如有尺寸或规格超出计划，需要进行调换或重新布置直到完成项目。

第6章 住宅空间设计美学

图 6-1-1 通过借景室内与环境紧密联系在一起

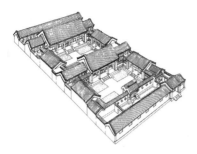

图 6-1-2 四合院按照伦理关系严格布局

6.1 住宅空间美学概述

广义上，住宅空间美学应该包含三方面内容：建筑美学、园林与景观美学、室内空间美学。三方面相互依存又有各自的独立性。从环境与建筑的关系而言，重视空间意境的表达，在园林建筑中表现得非常突出。作为东方建筑，木质框架体系非常严整，门窗更加自由，也就使得室内外更加自由、流通，从室内看出去，形成"窗含西岭千秋雪，门泊东吴万里船"的借景体验。

从建筑与人的关系而言，传统住宅空间更多地体现了封建社会的伦理观念，内外不同，尊卑有别。以北京四合院为例，东厢房居住长子，西厢房居住次子，长幼有序。受环境的影响，每天看到太阳西沉的长子，潜移默化变得沉稳，而看到太阳初升的次子，容易获得活泼的个性。

6.1.1 中国传统住宅空间设计的美学基础

中国传统住宅空间设计是以中国传统哲学、伦理观念为基础建构起来的。中国传统哲学中以老庄为代表的道家学派和以孔孟为代表的儒家学派一直是两股相互平衡的势力。中国人的观念受到影响，建造方式也相应地表达了老庄的自然主义美学观，同时室内设计又隐喻了很多美好的儒家理想和传统观念。

中国人盖房筑屋多就地取材，不同的地域文化产生多样的建筑样式，例如福建土楼，这种建筑采用很厚的生土墙版筑而成，墙体对外具有很强的抵御功能，同时对内具

图 6-1-3　渔樵耕读的生活理想成为住宅装饰题材

图 6-1-4　内向性及防御性极强的土楼

图 6-1-5　生土建筑可以形成丰富的
　　　　　立面图案

有很好的围合性。有一定血亲关系的人共同生活，互助互利，结成村舍。这种建筑从单纯的美学角度体现了空间的整一，圆形平面布局极具向心力，中心通常用作祠堂，在屋内看出去，秩序感很强，屋檐形成一圈严整弧线。

从技术上，生土版筑的墙面粗糙而有力，厚重敦实，表达了技术的工艺美感，生土材料的保温性又体现了人为的善意，是一种让人难忘的空间形式。因此当代很多建筑师参考围屋形式，建造了造价低廉的多人住宅，朴素但有自然的气息。

作为少雨地带的陕西地区，窑洞住宅成为结合地域环境的最好选择，这种从自然界很多动物身上取得的经验，让当地人的生活具有新的面貌。靠山窑、靠崖窑等多样化的建筑，改变了山区的面貌。从土地中获取能量为中国人的保温开了方便之门，在远古时期的半地穴时期，先民就懂得土具有优良的保温性，因此传统住宅中采用火炕，灶台白天煮饭，余温足够满足夜间取暖的要求，对于能量的珍惜延续至今。

在室内设计中，人文内涵多半以隐喻的形式体现，这些符号元素或包含优美动人的民间传说，或具有汉字谐音的美好寓意，它们通过建筑装饰元素凝结了美学主题。中国民居装饰非常丰富，主要分为石雕、砖雕和木雕。其中作为室内设计重要装饰元素的木雕，无论是冰裂纹样的繁复窗扇，还是承重结构的木雕梁架，经常能看到精致的雕

图 6-1-6　十分奢华的木雕精细装饰

图 6-1-7　八仙人物故事组合成木雕
　　　　　　装饰

刻。常见的木雕是浮雕或高浮雕，人物栩栩如生、活灵活现。以八仙为例，就分为明八仙和暗八仙，明八仙是人物组合，三两成组形成一副画面，暗八仙则用神仙们的法器指代仙人，可以在较小的部位完成主题。体现文人理想生活的场景如渔樵耕读，也经常出现在雕刻中，反映出儒学的礼乐精神和老庄的洒脱闲适。

雕梁之外，画栋也是常见手法，在白壁上绘制二十四孝或梅兰竹菊都能寄托住宅主人的心性品德。总而言之，住宅作为装饰的基底，能够为主人和客人提供谈资，各种典故出处包括楼阁的名字，都能展示主人的追求，这种习惯一直延续到今天。可以说这是价值观的标定，所谓"斯是陋室，唯吾德馨"，一栋住宅既是物质家园，也是精神

图6-1-8 明代文化影响了清朝皇帝
的生活方式

图6-1-9 圈椅体现明式家具高超的
工艺技术

图6-1-10 《浮生六记》以苏州园林
沧浪亭为背景

栖所，给人以归属感，同时传承了情感。

儒家的"修身、齐家、治国、平天下"的理想，从自我反省开始，推广到安邦治国。在我们的传统中，家国一直是一个概念，不可分割。没有哪个自扫门前雪的能被称为士人，所以住宅内安置了对联，时刻自省如何做个君子。家是缩小的国，国是放大的家，这是传统社会建构的思想基础。与此同时，反对奢华也经常被提及，这就造成很多人的住宅"宁可食无肉，不可居无竹"，这种美学观念一直影响到今天人们的居住设计，对于"雅"文化的追求和人品联系起来，形成了又一层价值观。明朝人文震亨的《长物志》，强调以"宁朴无巧，宁简无俗"为空间装饰的核心标准，包括文玩器物的摆设，都抒发了"返璞归真"是其核心思想和含蓄内敛的文人气质。

装饰如何不过分华丽，如何使用家具以及在居家生活中如何焚香、插花、挂画、抚琴，在书中都有很好的记录，可以说是一本生活指导手册。可见当时士人的生活面貌，住宅和生活紧密联系在一起，使中国美学中的雅致达到了至高境界，也是因为这个原因，明代家具才成为中国器物文化发展水平的高峰之一，在全世界也独树一帜、声名远播。

类似的著作数不胜数，例如李渔的《闲情偶寄》，用林语堂的话说"李笠翁的著作中，有一个重要部分，是专门研究生活乐趣，是中国人生活艺术的袖珍指南，从住室与庭院、室内装饰到妇女梳妆、美容、烹调的艺术无所不包，富人穷人寻求乐趣的方法，一年四季消愁解闷的途径……"对于今人也有一定生活上的参考价值。在清人的文字中，我们不难读到很多优秀的记录居家生活的文字，沈复的《浮生六记》记录了苏州居家生活的精致和习俗，他和妻子在园林家宅中的生活琐事毫无遗漏。归有光的《项脊轩志》，记录自家的房屋大改造，将居住条件鄙陋的南阁子修葺一新，开辟轩窗、白壁补光、屋顶制漏、修竹美化、改成书斋的装修过程。从住宅的修缮到与老保姆的对话，回忆过世的祖辈，建筑的美就承载了家族的遗志，这时住宅的美就不单单是一种物质享受，而是精神的畅快，生活的自在。

图 6-1-11 设计师 Yabu 设计的公寓
混搭各种元素

图 6-1-12 模拟巴塞罗那德国馆的别
墅设计

图 6-1-13 屏风设计展示现代中国意
境（此图由水平线室内设
计有限公司提供）

6.1.2 中国现代住宅空间设计的美学趋势

今天的全球化让我们走在不同的国家里感觉差别不大，衣食住行的样式也大同小异，这就更让我们怀念过去生活的美好部分。现代住宅除了框架体系的建筑方式取自东方智慧外，其余面目全非，国内外的设计师有的力图传承传统文化，形成所谓新中式的设计理念，有的则完全按照西方生活面貌塑造居家方式，甚至东西风格混搭，将不同文化包容到一座住宅中。

我们到底应该以什么样的方式生活，这个设计师关心的话题，自从我国商品房时代开始就成为讨论的话题。我们看到邻邦日本，还传承着唐风和室；北欧四国原木家具搭配纯色墙面，温馨简朴；美国追求自己不曾拥有的文物，同时也开创着 LOFT 工业复古风；法国优雅纤细；德国简洁实用；英国固守自己的传统，都给中国人如何打扮自己的家宅，提供了参考。

从 20 世纪 90 年代的装修热开始，作为风格演进亲历者，国内至少经历过以下几个美学思潮。首先是香港风，在改革开放的春风中，先富起来的热衷于购买大型皮质沙发，高光漆体现奢华。2000 年前后的简约风，白色墙面配榉木或胡桃木门，努力追求现代主义的"少即是多"。2005 年前后开始热衷于各种地中海田园系的小情调，英式、法式、美式田园轮番上阵，后来甜腻的设计感又被百姓常说的"简约欧式"取代，之后流行东南亚风格，还有国人理解的"后现代主义"，都是一闪而过地炒概念。时至今日，中国人均 GDP 有了质的提升，中式风格回潮，但应对各种风格混杂的现状，成为设计师们沟通装修的必修课。

风格的演变虽然层出不穷，但在美学上，我们看到了以下几个趋势。

1. 追求中国传统美学意境

进入 21 世纪，随着国力日强，传统文化也迎来复兴。对中国传统手工艺的吸收、传承和发展成为越来越多艺术家和设计师的选择。在住宅设计中，各种中国元素和现代主义混合，形成"新中式"的概念，在美学上呈现得日益明显，作品也层出不穷。

图 6-1-14　生土墙建筑被用在今天的住宅中

图 6-1-15　隈研吾竹屋住宅体现东方意境

图 6-1-16　陈设是住宅设计的重要组成（此图由 LSDCASA 公司提供）

在住宅室内设计中，我们看到以江南建筑室内为灵感的住宅空间着力表现雅致，同时还有一些项目，以北方宫廷风格为基础，形成较为华美厚重的风格。但无论哪种，都基于东方人的观念，那就是紧紧扣住"意境"这个观念。我们的住宅室内空间，是与室外环境密切联系的，室外风景成为室内装饰的一部分。同样在室内空间中，也从画论中吸取疏可走马对比密不透风的构成方式，空间设计善于留白乃是运用"计白当黑"的美学规律。

2. 材料创新使用

材料的运用体现其本身的质朴特质，也成了很多设计师追求的目标，木材的温暖，石头的粗粝都展现出某种道家自然主义的美学观。在创新上而言，更多的是材料的创新使用。例如竹材，作为环保材料的竹子被加工成板材，竹木集成板、竹木方、竹木地板等，都传递出温馨的家居氛围。同样，传统的生土墙也被引入空间设计中，素朴的黄泥掺入现代的媒介剂版筑成墙，淳朴接地气，成为很多概念型住宅的选择。

传统的屏风、家具这些室内陈设也经由改良成为组成中国风格的重要内容，在研究传统文人生活方式的基础上，住宅设计也更多出现生活必需品以外的所谓"长物"，陈设设计有了长足的发展，这些都寄托了居住者和设计者双方认同的美学理想。

3. 混搭美学市场广阔

混搭也可以称为折中主义风格，这种美学趋势能够很好地满足不同人的需求。一套房子融合不同风格的设计也不少见。当今世界相互融合，有时很难将设计明确归类为某种风格。东西方文化交融穿插，形成丰富的表现形式，我们常见的美式风格，就经常融合中式元素，或是壁纸或是家具作为插件搭配其中，点缀和突破了原有设计的拘谨。同样，很多中式风格也混搭了不同国度的装饰品，这些装饰品要么是旅行的纪念，要么是朋友的馈赠，都可以成为设计中的亮点。混搭的意趣在于文化的对撞，好像不限定单独菜系的经典配料方案，而是麻辣烫般的生动和有活力的搭配，目的是我的家我做主，满足个性的解放。

图 6-1-17　中西合璧的风格开阔更多人的眼界

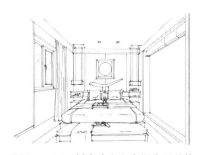

图 6-1-18　新中式主义点缀少量装饰化简空间

图 6-1-19　以材料肌理作为空间装饰

4. 科技智能美学改变生活品质

科技的进步，使得技术精致化。科技美学让设计更好地为人服务，让空间使用者受到无微不至的照顾。智能家居系统为住宅空间提供了更舒适的照明、温度、湿度、安防、净水、除菌、除尘、增氧、背景音乐等，空间环境得到了最大程度的改善，这种善意的设计让人们在空间中体验着舒适与惬意，身体和精神得到放松。3D 打印技术已经运用到建造住宅的试验中，而技术的善意让住宅空间更具人情味，在未来还要发展的人工智能系统，结合大数据将会更多了解使用者的潜在需要，将这些需要释放出来，住宅空间将会变成人的伙伴、朋友和具有安慰效果的巢。科技的便捷带来了体验感的迅速飞升，相信随着家居智能化的发展，住宅早晚会变成互联网的终端接口。

5. 审美观念重新定义

从豪奢转而内敛，丰满转而简淡，大气转而大方，当今很多高端设计项目具有更加自然的审美倾向。从物质匮乏到物质丰盈，自我奋斗的中国人改变了很多，从无到有，进而从粗到精，很多高端设计又回归到中规中矩的观念中，这已经是否定之否定后的升华。减少对表面浮夸的追求，设计更加追求细节的考究和生活的情趣。

闲情逸致得益于对中国传统文化的再认识，曾经先进的西方现代文明带来的快餐式文化盛宴已经不能满足国人的精神需求，作为华夏儿女，对传统居住美学的传承要有担当。设计从各种繁复的符号堆砌中解放出来，以基本现代的观念，融合局部的符号点缀。背景更加简洁方能达到内容表达的鲜明。局部的精致和整体的简约粗犷形成对比，减少对形式的依赖而更加重视材料的考究和可能性的发掘，这都充分说明设计师更加理性，使用者也更加知道房子主要是给人住的，并非自身的炫富手段。

6. 小即是美的人性化

在今天的城市发展中，家庭人口减少，从大家族变成三口之家，甚至是丁克或独身居住。小即是美，表现为两个方面：其一，住宅面积减小，注重尺度感与人机工程的结合，注重收纳和空间的多重使用，有些公寓缩小了厨房

图 6-1-20　小空间住宅占据城市住宅
　　　　　大量份额

图 6-2-1　取自活字印刷概念的居住
　　　　　环境（此图由深圳共向室
　　　　　内设计公司提供）

图 6-2-2　屏风作为障景丰富了空间
　　　　　层次和意境

的面积，增加了起居空间，迎合了城市人快节奏的日常生活方式；其二，设计中注重细节和品位的考虑，重视生活方式的细节，从这些细节中演化出各种细部的精彩设计，简而言之设计的深度加深，人性化体现得更为充分。

6.2　住宅空间美学的研究意义

从时间角度，研究住宅空间美学，让我们能以物质为基础，而又不滞于物，思考人们的精神需求。住宅设计美学作为文化纽带，从古至今传承演变，需要今人的品读，从而更好地创新。毕竟从先辈的时代到今天，人的智力发展并没有巨大的变化，更多的是思想上对事物理解的不同而已，重新认识美，努力汲取更多前人的精神力量。

1. 住宅美学境界论

境界这个美学词汇，落实到住宅设计中，更多体现了设计师的层次。只有设计师的层次和修为到了一定程度，设计才变得或者厚重，或者更具细节感，可以说只有思考的层面够多，设计的层次才会丰富。从唐人开始，中国人就注意屏风的使用，在很多画作中都有体现，例如《韩熙载夜宴图》就展现了屏风的遮挡作用。在功能上屏风划分了空间的层次，同时绘制或刺绣图案于其上，展现了使用者的美学观念。传统中国住宅较为开敞，柱子和屏风改变着室内面貌，当我们将屏风当做一个大概念来理解时，那么落地罩、博古架、纱幔都具有屏风的功能，在美学上，它们体现了空间之间围隔朦胧的半透明感，这种含蓄内敛的东方特点，是中国居室空间重要的美学特点。研究"意境""层次""含蓄"，就扣住了先人住宅美学的要点。为展示意境，经常以蒙太奇的手法拼配几种带有含义的符号，做成一种点睛之笔，彼此烘托照应，成为居室设计的亮点。

2. 应对社会问题

今天的中国有很多旧建筑需要妥善保护，但同时提高生活品质，对胡同老宅进行改造也很必要，这体现出设计

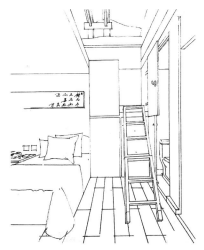

图 6-2-3　集美组北京炭儿胡同老宅改造

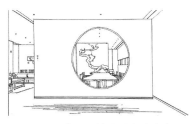

图 6-2-4　中国人的观看方式决定了其生活方式

师的社会责任感，同时也保护了传统生活样式，保留了居住情怀。当前老龄化问题日益突出，如何为将来进行设计，也需对住宅美学和家庭观念形成新的认识。集体聚居的老龄公寓，不单要考虑一个单元空间的生活便捷问题，还要照顾到老人之间相处的公共空间，朴素而温馨的美学准则，善意的设计有益于老人们的生活。

3. 比较研究，取长补短

在空间方面，从中西住宅美学比较研究的角度，可以更加全面地理解不同人群对住宅室内设计的审美角度。西方更注重家庭观念中的平等和谐，而我们更注重家庭之间的长幼辈分，尽管现代中国独生子女一代弱化了旧有的伦理关系。小规模家庭的涌现，人与人之间的关系变成陌生人关系，取代了熟人社会，但到了春节这样的节日，归家的情绪仍然浓厚，房子变成家之后，成为精神的栖居地。

4. 文化的补足

住宅设计包含了三个层面的文化：理念文化，制度文化和器物文化。研究设计本身是研究器物文化和制度文化，但一个优秀的设计师需要了解美学，将自身美学经验运用到工作中去。美学经验是一种理念文化，作为设计和生活哲学存在，指导价值观的建立。只了解技术和设计方法，其作品注定会苍白，缺少深度和可读性，研究住宅美学就是研究生活之道。所有著名设计作品背后，都反映出设计师秉持的美学观念，也只有独立的美学判断，才可以形成自己的特色，从众多设计师中脱颖而出。

第 7 章　住宅空间设计程序

任何设计的程序都是伴随思考过程逐步落实的，应该考虑到设计工作的基本点，那就是解决人的居住问题。设计师的工作就是解决和调和住宅和使用者之间的矛盾。

针对使用者：Who(谁在用)；What（干什么用），When（使用周期）。

针对住宅建筑：Where（项目落位及环境背景）。

针对设计师：How（如何用）。

就住宅本身，可从落位和环境背景出发，了解采光通风等问题，作为后续改造指导要求。其他几个问题，都围绕着 Who，即使用者来进行深入沟通，空间做什么用以及是否在今后留有调整余地等。对设计师而言，客户需求决定了如何合理分配空间和预算，以便有效地使用好住宅内部的每一寸面积。

7.1　设计实践基本流程

设计项目的基本流程：房屋测量→意向商谈→平面规划→布局沟通→效果表现→修改完成→施工图设计→施工监理→设计评价。

1. 测量房屋

测量房屋的主要目的在于对房屋内外部情况有完整的了解，为之后的设计工作做准备。主要包括以下几项内容。

（1）内部尺寸、房间的长宽高、门窗的位置及宽高、墙体厚度，可测得房子的面积的相关信息。对于坡屋顶，根据需求测量重要立面，为施工图做准备。

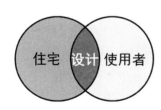

图 7-1-1　设计师的工作是解决住宅
与使用者的矛盾

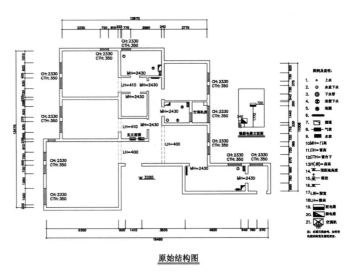

原始结构图

图 7-1-2 详细测量为后期设计提供数据支撑

户型A
建筑面积93m²

图 7-1-3 薄如刀片的隔墙正对大门
视觉效果极差

（2）室内管线的位置，主要集中在卫生间和厨房，包括上下水、中水管位置、强弱电箱位置、燃气表位置、地暖分水器位置（如果有）、中央吸尘系统（如果有）等。

（3）房屋结构，了解框架结构的承重墙体系，标注承重墙位置及长度，了解梁架系统的限制，便于后期修改房屋平面。

（4）室内楼梯（如果有），室外挑出部分如阳台、设备平台、露台等。室外庭院基本尺寸（如果有），为庭院设计做基础工作。

2. 寻找户型问题

通常情况下，100m² 左右的商品房住宅的空间规划相对合理，而针对小户型空间经常要解决的问题是客厅与餐厅之间融合又相对独立的问题，大户型则具有更多变化的可能性，根据面积大小提出可行性方案。住宅建筑设计中，主要考虑的是在规划许可范围内尽可能满足容积率、绿化率的限制，还要结合朝向进行合理的建筑落位布置，然后才进一步考虑住宅建筑内部平面布局的情况。这就使得很多户型一定程度上存在着缺陷，而设计师能够做到的也只是在建筑承重前提下的合理布局。例如，通常的客厅布局，

108

沙发主要靠墙，面对着玄关区，这样可以让使用者获得安全的心理感受。但有些时候，电视墙上会开门（卧室门甚至是卫生间门），就可能对沙发布局进行调整。在小户型设计中，这样的情况比比皆是，如何在有限的空间内最大限度地使用空间，需要设计师发挥自己的才智，创新性地使用空间。

3. 改善户型布局

结合委托人的居住要求，将空间改造为功能合理、方便易用的户型，提高使用效率和空间视觉效果。首先要了解使用者的人数、生活习惯、储物要求，为将来功能区调整留下改造空间。这个步骤是在前面测量的基础上，摸清房屋结构，找到可以拆改的墙体，进行空间改造。在分析完户型存在问题的基础上，完成进一步的工作。解决马斯洛需求层次理论对居住要求的最下两层，即生理需求和安全需求。

一般而言，对于二手房改造，受到改造经费限制，主要解决的问题在于改善基本生活，主要任务即是调整房间布局。

4. 寻找线索和切入点

在基本解决空间使用问题的基础上，针对更高的需求进行设计是设计服务的主体内容，即满足爱和归属感、尊重等需求。设计的主要任务是营造温馨的环境和风格化的居室面貌。

这一步骤也是不断了解委托人需求的过程，通常情况会遇到两类委托人。

1）考验设计师综合风格能力的客户

第一种是相对理性的委托人，他们有过一些装修经验，对设计风格有自己的基本了解，并在购买住宅之后，有自己的初步规划，设计师需要从专业角度对他们的规划做出判断和优化。就设计风格而言，通常一些委托人带来的参考图片能够让设计师很快把握设计方向，只是他们提供的图片有时风格不一致或信息分散，需要设计师根据可行性排列组合，形成统一的设计理念。这种设计的基本方式属于从外向内，从房屋的布局找到可能的理性推敲方式。例

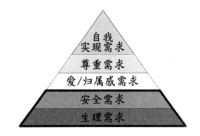

图 7-1-4　改造型住宅主要针对基本需求做好服务

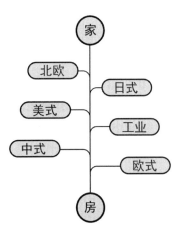

图 7-1-5　住宅空间对风格有一定限制

如美式、欧式或中式风格的家具体量较大，需要大空间满足布局要求，而现代、北欧或日式风格则适合小户型要求。又如，现代风格可以中和很多设计要素进行装饰，或者以某种风格进行混搭，插入少量其他风格的陈设品进行风格之间的平衡，都是有效的设计思路。

2）考验设计师分析需求能力的客户

第二种是相对感性的委托人，他们的要求通常是抽象的感觉描述，例如：舒服、大气、温馨、豪华等形容词。他们没有明确的设计规划，寄希望于设计师提出设计概念，对于设计风格也较为模糊，较难找到设计突破口。这种情况下，就要使用特殊手法，设计从内而外进行，即"管中窥豹"的方式，进而"可见一斑"地推敲出风格需求，这些线索最重要的来源是家具和陈设品，第一步可以先带他们去家具展示间考察家具风格和样式，通过对这些信息的梳理，借由家具的风格做出判断。第二步则是找到与家具风格一致的参考图，从而切入设计工作。这种方法的好处是，家具是使用者日常熟悉的内容，也是住宅设计风格的一部分，室内装修需要与家具相配合和统一，故而为家具做设计就是为委托人相对认可的生活方式做设计，会获得事半功倍的效果。

图 7-1-6 从确定的家具风格找到空间风格要素

5. 委托人反馈

成功的住宅设计不是一个人完成的，它是委托人和设计师共同浇灌出的花朵。很多设计师容易把设计方案当成自己的独立创作，不允许修枝剪叶，这不是设计师的工作状态，而是在进行艺术创作。艺术和设计最大的区别在于，艺术可以单独欣赏，任意发挥，只受到经费限制，不直接受到空间、生活习惯的限制。平面布局图的沟通至关重要，它决定了后面的设计方案能否继续进行。设计要满足委托人的需要，有经验的委托人会关注很多设计细节，例如储物空间的面积，开放厨房是否散布油烟等，这些问题，经由本轮反馈、沟通和之后的修改，将逐一得到解决。

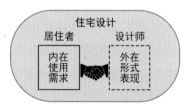

图 7-1-7 设计师帮助居住者完成生活理想

平面布局决定了基本功能的合理性，这些功能性设计与委托人的生活方式密切相关，例如足够面积的卫生间，是否增添浴缸；玄关设计中，当收纳和美观冲突时，哪个

图 7-1-8　考虑家庭成员特点有利于设计深化

图 7-1-9　吊顶隐藏横梁和空调等设备要提前考虑（此图由深圳市共向室内设计有限公司提供）

更重要。甚至对房门的开启方式和方向，都需要有针对性的考虑。

风格设定步骤中，应减少对风格的依赖，而是遵从生活习惯，让空间变得舒适宜人才是居住者内心的呼唤。在交流过程中，通过意向图展示了重点设计区位，包括玄关、电视墙、沙发背景、卧室和书房的背景墙，进一步了解客户需求，为后期出图奠定良好基础。

6. 视觉化展示

视觉化展示就是在平面布局最后一轮总体调整后，设计进入效果图阶段。从某种意义上说，效果图对于没有经验的委托人起到了最重要的说服功能，对于装修过多套住宅的人，效果图只是设计服务的一部分，他们会更关注界面的交接点。效果图的展示环节也是考验一个设计师技巧娴熟与否的关键因素，在通常的表现图中，委托人希望看到空间的整体效果，包括照明、色彩、材质的展示。平面布局固定的情况下，效果展示却是千差万别的，主要考虑下面几个界面设计。

（1）天花板隐藏了中央空调机组，还要考虑梁的位置和深度，对于整体设计起到整体性影响。

（2）墙面设计具有更多可能性，主要以材料展示和装饰性构造展示为主，作为住宅设计，墙面处理较为中规中矩。

图 7-1-10　效果图应明确看到材料质感

图 7-1-11　定制能够让家具实体与效果图完全一样

图 7-1-12　阳光和人工光共同营造温馨居室

（3）家具陈设呈现的精准性也非常重要，很多效果图完美结合市场上销售的家具陈设品，就可以与未来建好的实景达到做大限度相似。

（4）三维模型是效果图的肉体，光影表现则是效果图的灵魂。人们通过光去感知事物，光成为形体塑造的雕刻刀，色彩受到光的影响，材质肌理或图样的清晰传达和空间体量的表现也都离不开光。

（5）其他因素还包括地面处理、视角控制和色调统一等，一张让人满意的效果图应该富有视觉冲击力，能够向委托人传达设计效果进而推动设计向下一步进展。

7. 细节处理

细节处理主要针对施工图设计阶段，施工图设计是检验一个设计人员能力的重要环节，在这个过程中，对于细部处理的把握至关重要，这也是将之前效果图转化成实际效果的重要一步。施工图设计包括界面边界交接处理等一系列难题。例如，在阳角（突出的墙角）设计中，比较难处理的是两个墙面材质相互交织的问题，涉及构造缝或施工先后顺序，这需要在设计实践中慢慢积累经验。又如，在地面设计中，不同材质的过渡，瓷砖（石材）和地板的交接口处理。再如，在共享空间的设计中，维护二层楼板的裙板与一层顶棚之间的交接关系，如果是两种材质，也存在上下交叠的问题。一个完成度较高的项目，造型比例是否得当，离不开施工图的精耕细作，细节的把握是评价

图 7-1-13　效果图通过视觉想象提供说服力

图 7-1-14　材料转换需要考虑细部收边

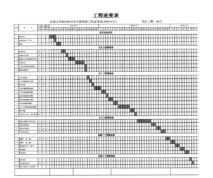

图 7-1-15　合理的进度计划有助于整体把握项目质量

设计师水平的重要指标。

8.施工监理

施工图设计绘制之后，进入真正的施工环节，通过水、电、木、瓦、油这五个工种，一步步实施设计内容。这个步骤是设计转化为产品的环节，可以被认为是从实验室到量产的本质性飞跃。施工监理的意义在于，保证设计环节疏漏能够第一时间得到有效处理。在通常的施工图设计中，设计师根据自己的审美经验进行比例关系的协调，然而在实施过程中则不同，立面图上的二维造型在项目实施中变成了三维立体。例如，石膏线的安装，立面图上用两条线表现石膏线的宽度，即便加上石膏线的剖面图也只是从两个投影角度去理解一个物体，对于体量感，图纸无法表达。而在现实的安装过程中，就可以直观感受到石膏线的粗细程度是否合适，这种审美感受能力和对于项目的掌控力，只有多下工地实践才能不断提高。

9.设计评价

在完成整个设计项目后，需要检视自己在整个设计及制作过程中的得失，做到心中有数，才能够不断进步。一般而言，在完成项目的过程中，很难做到客观评价一个项目，在过程中，更多关注的是事实环节的完成度，而在项目终了后，甚至是更长时间之后，在与委托人就使用效果的沟通中，可以学到很多经验。一般而言，艺术都有遗憾，室内设计也一样，从遗憾中吸取教训、总结经验，对一个设计师甚至公司的发展大有裨益。例如，施工过程中，因为返工导致施工先后顺序颠倒，甚至部分成品被污染都是可能的。这就要总结返工的原因，保证在将来的类似项目中避免此类事件。再如，插座设计数量是否能够满足使用者的需求，有些时候一些插座位置偏离真正的需求，这是源于购买的家具尺寸与设计尺寸有差异而出现的问题，因此在前期需要反复沟通确认。

总而言之，认真乃至略显偏执的设计师可以成为好的执行者，一个善于表达的设计师可以成为好的沟通者，具有宏观视角对复杂项目（甚至对整个住宅设计市场）能综合驾驭。整体考虑能让普通设计师脱颖而出，成为出色的业界精英。

7.2 项目沟通与谈判

一个项目的成功一半在于设计合理执行得力，一半在于良好顺畅的沟通。设计是为人服务的，作为设计师，只有非常明确"为谁做"，才能领会委托人的意图，让工作顺利进行下去。

设计为谁做，重点要关注几个层面的问题。

（1）谁是做决定和有话语权的人，用白话说就是谁拍板。住宅装修是一家人的事情，通常会遇到委托人内部不同意见或出现分歧的情况，知道谁是做最后决定的人和协调多方关系，是项目沟通不返工的重中之重。同时照顾好家庭成员的关系，也能让设计师成为整个项目的引导者，这是确立专业威信的重要节点，有经验的设计师都会把握机会，获得委托人的信任，后面的合作也会愉快进行。

（2）情感化设计。设计是理性的，而所要营造的氛围又是感性的，如何传递设计师的关怀，表达一个空间的人情味至关重要。所有的设计都是围绕人进行的，应该充分了解客户需求，对于服务对象，要充分考虑设计中的人性化设计，将人性化转化为人情味，将硬件的功能处理变

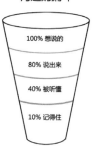

图 7-2-1 设计服务需要良好沟通才能顺利进行

图 7-2-2 设计服务应该找到有决定权的人

成感受性和体验性的生活享受是考验设计师情商的指标。

针对耐用性原则，通常接到的项目是二手房改造，经费有限，在人情味儿上的体现就是经久不衰和不过时，这也是设计师对委托人的最好关心。体现爱和归属感层面的情感化设计，最重要的是让空间小巧、亲切和私密。这类层次的集中体现是婚房，浪漫不浪费、雅致不冰冷是检验标准。针对有尊重需求的委托人，在情感化设计上，更多要表达居住者的审美品位和尊严，重点突出的局部空间，可以让来访的朋友们赞叹，是评价这类项目在情感化设计上的要求。最高层次的自我实现需求对应居室情感化设计的标准是将文化内化成设计的一部分，东西方的文化合理自然地融入空间设计，独特而又自然而然的生活理念是这个层面人群的追求。

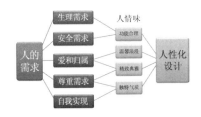

图 7-2-3　住宅设计的本质就是营造家的人情味

图 7-2-4　相同价值观让设计师与委托人达成一致

（3）价值观是谈判成败与否的关键。一个成功的设计，更深层的原因在于，设计师和委托人拥有相对接近的价值观，即使双方存在分歧，在设计理念上也应该是相互认可的。设计师不仅要协调委托人内部的价值观差异，还要适当调节自己的价值判断才能得到信任，引导客户的审美观念转变，提高他们对设计的认知，需要设计师本身具有很强的表达能力，将复杂的设计简单而准确地传达出来。人都能分辨何为美，只是在不同的现实情况（经费有限）和观察角度（认知不清）下，才会出现差异。例如对色彩的理解，通常情况，在住宅设计中，设计师和委托人关注的内容是不同的，委托人关注的是色相——"什么颜色"，设计师则更关注明度与饱和度——"鲜明与鲜艳"。在室内设计中，鲜艳的颜色通常是点缀，而大面积的背景色通常是灰色系，由于委托人施工经验有限就会慎用鲜艳颜色，这就需要设计师进行引导，把握好色彩饱和度及明度，创造更具人情味的空间。

在谈判中，作为设计方本身会处于下风，很多委托人希望得到更多服务也无可厚非，但是坚持自己的原则至关重要，有原则的设计师才能赢得客户尊重。其中最重要的原则在于，真心为委托人服务的"敬业心"以及对于自己专业能力的"自信心"。凡事认真去做，即使设计效果一般，

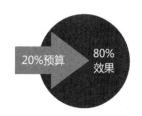

图 7-2-5　有重点设计是用最少预算
撬动最大效果

图 7-2-6　设计师需要学会平衡多个
角色的关系

也会得到使用者的理解，对于项目的自信，甲乙双方会向一个目标靠拢，那就是创造更舒适的居室空间。当然，通常而言，住宅风格千变万化，在设计中，大量选用经典的设计元素，虽然不能给人炫目的感觉，但长久而言一栋住宅会形成独有的感受，经典设计在时间的洗刷下，仍然能保持和谐，毕竟耐看、耐用才是居室室内设计的内在要求。

7.3　项目问题与解决

　　设计师在委托人和工程队之间协调，将委托人的居住理想变为现实生活，整个项目在设计和施工过程中会出现一系列问题，也可以说住宅设计就是在问题不断被解决的过程中完成的。一般而言，设计受到两方面的限制：一种是住房结构的限制，另一种是施工费用的限制，问题也是伴随着这些限制出现的。第一种情况，设计师会和施工方共同讨论如何满足使用者的使用要求，在施工技术上和流程的先后顺序上，做出明确的安排。第二种情况，设计师主要和委托人沟通，让有限的费用得到最大限度的利用，有时候也需要工程队提出更节约的方案。

　　设计师还要协调的问题是，委托人和工程队之间相互信任的问题，使委托人放心将工程交付给工程队，同时工程队能够按时收到工程款。在施工过程中出现问题的时候，如何查清楚造成失误的原因，认定是哪一方的责任，也是设计师经常会面对的问题。施工没有按照规范操作导致失误归责给工程队，规格或材质不合格而发生延期应归责给选材的一方，委托人在完成设计后，单方变更设计需要造成的延误归责给委托人，图纸变更没有跟进或签字确认归责给设计方。问题是由于考虑不周、沟通不畅等因素造成的，因为设计师是项目的牵头人，了解施工流程并对整体进度进行把控和提前预计是处理问题的关键因素，理性有效地处理各种问题是在实践中锻炼出来的，而每个项目都是提升设计能力的阶梯。

结语

　　基础知识和基本功是我们学习一套方法的核心，在某种程度上会影响到我们完成一件事、一个项目的最后结果。在住宅室内设计领域，基础概念和基本观念共同构建出知识体系，即材料、空间、照明和色彩，它们之间相互依存，最终形成对环境的感受。

　　整个设计过程包含施工方案的确定、空间构造的明确、材料的选择、照明方案的敲定以及颜色的匹配。基本观念在住宅设计中体现为健康的身心、安逸的生存环境、优雅的风格样式、高尚的文化情操以及合乎自然的栖居方式。

　　设计的诸多环节都依赖于经验，而课堂教学中最不容易得到的就是实际操作经验，因此，教师们要不断鼓励学生参与实践，在此过程中提高自身的设计能力。但就一门课而言，更希望给学生一套明确的体系，就像用手术刀剖开洋葱，这样才能看到体系的层级结构，了解基本概念和观念。

　　设计房子首先是改善居住条件，如考虑照明、通风、保温、隔音等，其次是功能的合理布局，在这些基础之上才是美化空间，营造格调和个性品位。通过本教材所介绍的基础知识，每个人经由自身的实践可获得更具个性化的设计成果，经过一番历练之后，设计者还要返回体系，就某个不通的点进行深入研究，打破不同要素之间的壁垒，成为有审美判断力和尺度感受力的成熟设计师。